冬暖夏热地区建筑节能材料进场复验实用手册

张 松 编著

中国建材工业出版社

图书在版编目(CIP)数据

冬暖夏热地区建筑节能材料进场复验实用手册/张松编
著.—北京:中国建材工业出版社,2017.10
ISBN 978-7-5160-2028-9

Ⅰ.①冬… Ⅱ.①张… Ⅲ.①节能—建筑材料—质量
检验—手册 Ⅳ.①TU502-62

中国版本图书馆 CIP 数据核字(2017)第 226823 号

内 容 简 介

依据冬暖夏热地区建筑节能工程施工质量验收规范的要求,对建筑节能材料和
设备构件进行进场复验和现场检测。本手册对检验方法、检验批次、引用标准、仪
器设备及判定准则进行了详尽的归纳论述,按分项工程分为 7 章内容:墙体及屋面
工程、幕墙及门窗工程、通风及空调与空调系统工程、配电与照明工程、太阳能热
水系统、建筑墙体保温系统、建筑节能工程现场检测,书后还附有作者参编的《深
圳市建筑节能工程施工验收规范》。本手册具有实用性、针对性和可操作性等特点。

本手册可供建筑节能检测机构培训及从事建筑节能材料检测、建筑节能材料研
发、工程质量监督等工程技术人员使用,也可作为高等院校材料科学与工程、无机
非金属材料、建筑材料等相关专业高年级学生教材或教学参考书。

冬暖夏热地区建筑节能材料进场复验实用手册

张 松 编著

出版发行:中国建材工业出版社

地　　址:北京市海淀区三里河路 1 号

邮　　编:100044

经　　销:全国各地新华书店

印　　刷:北京雁林吉兆印刷有限公司

开　　本:710mm×1000mm　1/16

印　　张:13.25

字　　数:240 千字

版　　次:2017 年 10 月第 1 版

印　　次:2017 年 10 月第 1 次

定　　价:68.80 元

———————————————————————————————————————

本社网址:www.jccbs.com　微信公众号:zgjcgycbs

本书如出现印装质量问题,由我社市场营销部负责调换。联系电话:(010) 88386906

前　　言

　　建筑节能的效果，关键在于所采用的建筑节能技术对当地气候的适应性。而建筑节能材料的合理选择和使用，是构建各地建筑节能体系的重要因素。我国的建筑热工分区将全国划分成五个区，即严寒、寒冷、冬冷夏热、冬暖夏热和温和地区。冬暖夏热地区冬季温暖、夏季炎热，对节能材料的使用要求更多的是体现隔热性能。

　　在建筑节能工程质量专项验收中，规定对各专业主要节能材料和设备在施工现场抽样复验，复验为见证取样送检；工程验收前对外墙节能构造现场实体检验。在具体实施过程中如何就材料种类、复验项目、送检频次和取样方法等给客户以指引，在标准方法引用上给检验人员以指导，在规范判定使用中给监督人员以指南，是作者编著本手册的主要目的。

　　本手册对检验方法、检验批次、引用标准、仪器设备及判定准则进行了详尽的归纳论述，按分项工程分为7章内容：墙体及屋面工程、幕墙及门窗工程、通风及空调与空调系统工程、配电与照明工程、太阳能热水系统、建筑墙体保温系统、建筑节能工程现场检测。书后还附有作者参编的深圳市建筑节能工程施工验收规范。全书具有实用性、针对性和可操作性强等特点。

　　本手册可供建筑节能检测机构培训及从事建筑节能材料检测、建筑节能材料研发、工程质量监督等工程技术人员使用，也可作为高等院校材料科学与工程、无机非金属材料、建筑材料等相关专业高年级学生教材或教学参考书。

　　本手册在编写过程中得到深圳市工程质量检测中心刘绪普总工、深圳大学建筑与土木工程学院丁铸教授的大力帮助，在此表示衷心感谢。

　　本手册参考的文献大部分是国家或行业的检验方法标准和产品标准以及地方建筑节能验收规范，在每章节的第2部分都有注明，在此向有关作者表示感谢。

张　松

2017 年 8 月

目　　录

第1章 墙体及屋面工程

1.1 非均质保温材料传热系数或热阻的测定

1.1.1 检验批

同材料同实体构造检测1次。

1.1.2 试验标准

（1）GB/T 13475—2008 绝热 稳态传热性质的测定 标定和防护热箱法。

（2）SZJG 31—2010 建筑节能工程施工验收规范。

（3）JGJ 75—2012 冬暖夏热地区居住建筑节能设计标准。

（4）GB 50176—2016 民用建筑热工设计规范。

1.1.3 检测设备

检测设备为建筑墙体稳态热传递性能试验机。

（1）主要技术指标

1）防护箱温度控制范围：15～50℃，连续可调，控制精度：±0.1℃。

2）冷箱温度控制范围：—10～—20℃，控制精度：±0.2℃。

3）测温传感器类型：美国DALLAS数字温度传感器，103支；测量温度范围：—30～85℃；测温分辨率：0.0625℃。

4）加热电功率测量范围：0～200W；精度：0.2级。

5）冷箱制冷功率：1.5kW。

6）仪器的测量精度：≤5%；重复度：≤1%。

7）试件规格：1212型，最大可测试件尺寸为1200mm×1200mm×300mm。

（2）系统构造

建筑墙体稳态热传递性能试验机由计算机及仪表监控系统、冷箱（内置制冷机组与加热平衡装置）、试件框、防护热箱（内置计量热箱、制冷机组与制冷及加热平衡装置、轴流风机）、计量热箱（内置加热装置）、温度测量及功率计量装置等六部分组成，如图1.1-1所示。

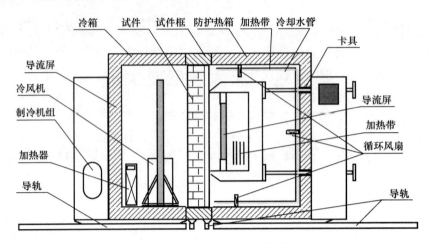

图 1.1-1　建筑墙体稳态热传递性能试验机

1.1.4　取样方法

试验室砌筑与现场实体构造相同外墙一面。

1.1.5　检验方法

1. 试验准备与试件封装

（1）在备用的试件框四周敷设并用胶带粘接较薄的塑料纸，然后由送检单位现场制作外墙试件（或者安装 200mm 厚的标准试件）；试件制作必须离开热侧边缘 100mm。

（2）制作好的外墙试件在自然条件下风干 20d 左右（标准试件不需要），推回试验设备处；注意不要让地下的轮子打横。

（3）将试件与试件框的四周连接处接缝用保温发泡剂填充，保证密封。

（4）检查并调整冷箱与计量热箱内部的温度传感器顶杆的长度，使两侧各九个数字式温度传感器能够通过其内部的弹簧各自压紧在试件冷侧和热侧。

（5）完成热箱、冷箱与试件框的装卡、密封工作，准备试验。

2. 试验过程

（1）装置标定：通常情况下，本试验机在投入使用前必须采用已知导热系数的标准板进行标定，以后每年需要标定一次，标定出计量箱壁与鼻锥的热流系数。

（2）温度传感器巡检：无论试验程序还是标定程序，系统将首先检查数字温度传感器数量以及测量情况。

（3）主流程界面与试验前参数输入：试验前必须输入试验编号（或者标定编号），系统将按照该文件名称将试验过程数据保存。

首先进入温度以及其他试验参数设定屏，试验的参数与标定不同，设定条件如下：

1) 试件试验：一般试件总面积（2.711m²）、计量面积（1.477m²）不需要更改。计量箱外壁与鼻锥热流系数在新的标定完成后修改。冷箱、防护热箱、计量热箱温度一般在出厂时已经设置好，其中冷箱设定温度为"－10℃"，防护热箱、计量热箱温度的设定都是"30℃"。如果需要修改设定值，可以直接在智能温度调节仪表上修改，也可以在设置好后通过通信口从上位机设置下去。

2) 装置标定：一般标准试件总面积（2.711m²）、计量面积（1.477m²）也不需要更改。分两种工况标定。第一种工况：冷箱设定温度为"－10℃"，防护热箱、计量热箱温度的设定都是"30℃"；第二种工况：冷箱设定温度为"－20℃"或者"－15℃"，防护热箱、计量热箱温度的设定都是"20℃"或者"25℃"。如果需要修改设定值，可以直接在智能温度调节仪表上修改，也可以在设置该种工况下标定后，通过通信口从上位机设置下去。

（4）选择稳定阶段判断模式：系统启动前，需要确认系统采用什么方法判断已经到达稳定，可以采集计量数据。可以选择稳定阶段判断方式：手动、稳定延后时间两种（默认为稳定延后时间）。二者区别如下：

1) 手动模式：系统启动并由人工判断系统已经稳定后，开始每半个小时自动采集 1 次计量数据，总共采集 6 次，计算平均值，作为试验结果。在调试检验程序时也按此办法进行。

2) 延后时间模式：设定延后时间，系统一启动即开始计时，到达设定的时间后，每半个小时自动采集计量数据，总共采集 6 次，计算平均值，作为试验结果。计量完成，自动停止外部设备运行。

（5）温度调节：选择好数据采集模式以后，系统将自动打开冷箱制冷机以及防护热箱制冷机，然后再分别打开冷箱、防护热箱、计量热箱加热器、循环风扇等外部设备。计算机系统每 2 秒采集一次各点温度，计算冷箱、防护热箱、计量热箱内部空气温度平均值，输出测量信号给智能调节温度仪表；智能调节温度仪表根据测量值与设定值的偏差，通过复杂的 PID 计算调节，输出 4～20mA 的工业标准信号，以控制加热器加热功率的变化，确保冷箱、防护热箱、计量热箱稳定到设定温度。如果观察到冷热箱的温度波动较大，可以通过重新给智能温度调节仪表做一遍或几遍自整定的方法，修正调节参数，改善其调节品质。

（6）功率计算：因为墙体保温性能检测计量加热功率很小（一般不超过 150 W），为了更精确计量加热功率，采用累计计量电能有效值，然后除以固定的间隔时间的方法，计量加热电功率。

（7）稳定判断：系统温度稳定的要求：热箱温度变化不超过 －0.1～＋0.1K，而冷箱温度变化不超过 －0.2～＋0.2K。但对于建筑外墙保温性能检测来说，单纯的温度稳定还不能开始参数采集，必须稳定一段较长时间（10h 以

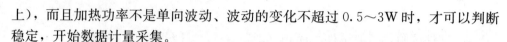

上），而且加热功率不是单向波动、波动的变化不超过 0.5～3W 时，才可以判断稳定，开始数据计量采集。

（8）试验实时曲线观察：在整个试验过程中，出现实时曲线界面，可以选择观察冷箱、防护热箱、计量热箱空间温度以及计量热箱电加热功率试验参数的实时曲线。

（9）数据采集与试验结果计算：系统到达稳定条件后，每间隔半小时采集一次数据，一直采集并计算计量箱温差、鼻锥温差。系统将所采集并计算出的试验主要数据显示出来，操作者可以根据温度、温差、功率最稳定的一段曲线，确定起始点，录入并确认，系统将自动计算出外墙的传热系数并显示、保存。

1.1.6　性能指标

屋顶和外墙的传热系数、热惰性指标应符合表 1.1-1 的规定。

表 1.1-1　屋顶和外墙的传热系数 K [W/（m²·K）]、热惰性指标 D

屋　顶	外　墙
$0.4 < K \leqslant 0.9$，$D \geqslant 2.5$	$2.0 < K \leqslant 2.5$，$D \geqslant 3.0$ 或 $1.5 < K \leqslant 2.0$，$D \geqslant 2.8$ 或 $0.7 < K \leqslant 1.5$，$D \geqslant 2.5$

1.1.7　判定规则

墙体及屋面节能工程使用的非均质保温隔热砌块或构件的传热系数应符合设计要求和相关标准的规定。

1.2　有机保温材料的燃烧性能的测定

1.2.1　检验批

在轻质屋面和内装修工程中，同厂家同品种的产品抽检不少于 1 组。

1.2.2　试验标准

（1）GB 8624—2012　建筑材料及制品燃烧性能分级。

（2）GB/T 8626—2007　建筑材料可燃性试验方法。

（3）GB/T 2406.1—2008　塑料　用氧指数法测定燃烧行为　第 1 部分：导则。

（4）GB/T 2406.2—2009　塑料　用氧指数法测定燃烧行为　第 2 部分：室温试验。

（5）GB/T 10801.1—2002　绝热用模塑聚苯乙烯泡沫塑料。

（6）GB/T 10801.2—2002　绝热用挤塑聚苯乙烯泡沫塑料。

（7）JC/T 998—2006　喷涂聚氨酯硬泡体保温材料。

1.2.3　检测设备

（1）建筑保温材料燃烧性能检测装置

1）主要参数

a. 箱体高度　700mm×400mmm×810mm；

b. 试样尺寸　250mm×90mm；

c. 试件最大厚度　60mm；

d. 燃烧器喷嘴孔径　ϕ0.17mm。

2）装置构造

该试验箱由燃烧试验箱、燃烧器、试验支架、调节阀等几部分组成。液化气（丙烷）罐自备。如图 1.2-1 所示。

（2）氧指数测定仪

1）主要参数

a. 测量范围：0～100％/O_2；

b. 分辨率：0.1％/O_2；

c. 测量精度：（±0.5）％/O_2；

d. 输出漂移：<5％/年。

2）装置构造

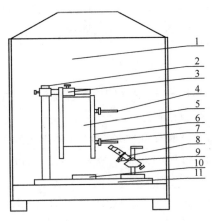

图 1.2-1　建材燃烧试验箱

1—箱体；2—立柱；3—固定套；4—螺杆；
5—试样；6—试样夹；7—螺钉；8—燃烧器；
9—气动接头；10—滤纸收集盘；11—废座

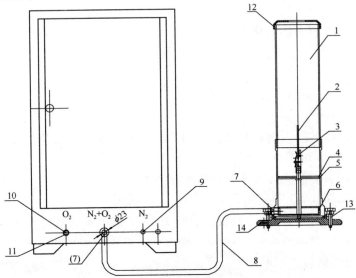

图 1.2-2　氧指数测定仪安装示意图

1—玻璃管；2—试件；3—夹具；4—钢丝筛网；5—孔板；6—扩散器；
7—管插头；8—塑料管；9—氮气接口；10—氧气接口；11—氮氧气插接
口（带玻璃转子流量计）；12—限流盖；13—水平调节旋钮；14—水平泡

1.2.4 取样方法

（1）XPS 板：190mm×90mm×制品厚度，6 块。

（2）EPS 板：（80～150）mm×（10±0.5）mm×（10±0.5）mm，15 块。

（3）聚氨酯硬泡体

1）水平燃烧：150mm×13mm×50mm，6 块；

2）氧指数：100mm×10mm×10mm，15 块。

1.2.5 检验方法

1. 绝热用挤塑聚苯乙烯泡沫塑料、喷涂聚氨酯硬泡体

（1）概述

试验在建材燃烧试验箱内完成。有两种点火时间供委托方选择：15s 或 30s。试验开始时间就是点火的开始时间。

（2）试验准备

1）确认燃烧箱烟道内的空气流速符合要求。

2）将 6 个试样从状态调节室中取出，并在 30min 内完成试验。

3）将试样置于试样夹内，试样的两个边缘和上端边缘被夹封闭，受火端距离底端 30mm。

4）将燃烧器角度调整至 45°，使用规定的定位器，确认燃烧器与试样的距离。

5）在试样下方的铝箔收集盘内放两张滤纸，这一操作应在试验前的 3min 内完成。

（3）试验步骤

1）点燃位于垂直方向的燃烧器，待火焰稳定后，微调燃烧器，将火焰高度定为（20±1）mm。

2）沿燃烧器的垂直轴线将其倾斜 45°，水平推进火焰抵达预设的试样接触点。当火焰接触到试样时开始计时。

3）可采用表面点火或边缘点火两种方式。

（4）试验时间

1）如果点火时间为 15s，总试验时间为 20s，从开始点火计算。

2）如果点火时间为 30s，总试验时间为 60s，从开始点火计算。

（5）试验结果表述

1）记录点火位置；

2）试样是否被引燃；

3）火焰尖端是否到达距点火点 150mm 处，并记录该现象发生时间；

4）滤纸是否被引燃；

5）观察试样的物理行为。

2. 绝热用模塑聚苯乙烯泡沫塑料、喷涂聚氨酯硬泡体

1）采用氧指数测定仪，取标准试样至少 15 根，分别在试样的任意一端 50mm 处划线，将另一端插入燃烧柱内试样夹中。

2）根据经验或试样在空气中点燃的情况，估计开始时的氧浓度。如在空气中迅速燃烧，则开始试验时的氧浓度为 18% 左右；在空气中缓慢燃烧或时断时续，则为 21% 左右；在空气中离开点火源即灭，则至少为 25%。

3）重新打开氮气、氧气稳压阀，仪器压力表指示值为（0.1±0.01）MPa 并同时调节流量，使氮气、氧气混合流量为（18±0.5）L/min（由球形浮子最大直径处确定），此时数显窗口显示的数值，即为当前的氧浓度值（亦称氧指数值）。若欲提高氧浓度，则增大氧流量，减少氮流量，否则反之，并始终保持压力 0.1MPa 和总流量 18 L/min 不变。

氧浓度确定后稳定 30s，然后用点火器（火焰长度 12～20mm）点燃试样顶端，点火时间根据材料着火快慢而定，最长时间不超过 30s。移去点火器，并立即计时，试样燃烧 3min 或 5min 所需的最低氧浓度为氧指数。试验结束后关闭电源、气源并清理残留物。

4）每分钟总流量的确定

燃烧筒圆面积（cm²）× 流速（4±0.2）cm/min × 1min/1000 ＝ 总流量（L）。为了计算操作方便，节约用气量，建议总流量定为每分钟 18L 较为合适，也就是氧加氮的混合流量为（18±0.5）L/min。

5）氧指数的计算

氧指数 OI 以体积分数表示，由式（1.2-1）计算：

$$OI = c_f + kd \qquad\qquad (1.2\text{-}1)$$

式中：OI——氧指数，%；

c_f——N_T 系列最后一个氧浓度值，%，取一位小数；

d——（测试步长），即每次改变氧浓度升或降都为 0.2%，取一位小数，%；

k——按 GB/T 2406.2—2009 中的 9.2 条所述由表 4 获得的系数。

1.2.6 结果评定

（1）绝热用挤塑聚苯乙烯泡沫塑料燃烧性能按 GB 8624 分级应达到 B_2 级。

（2）绝热用模塑聚苯乙烯泡沫塑料燃烧性能氧指数不小于 30%，按 GB 8624 分级应达到 B_2 级。

（3）喷涂聚氨酯硬泡体保温材料按 GB 8624 分级应达到 B_2 级。

1.3 保温板材的导热系数、材料密度、压缩强度的测定

1.3.1 检验批

同一厂家同一品种的产品，单位工程建筑面积在 20000m² 以下时各抽检不少于 3 次；单位工程建筑面积在 20000m² 以上时各抽检不少于 6 次。

1.3.2 试验标准

（1）GB/T 10801.1—2002　绝热用模塑聚苯乙烯泡沫塑料（EPS）。
（2）GB/T 10801.2—2002　绝热用挤塑聚苯乙烯泡沫塑料（XPS）。
（3）GB/T 10294—2008　绝热材料稳态热阻及有关特性的测定　防护热板法。
（4）GB/T 6342—1996　泡沫塑料与橡胶　线性尺寸的测定。
（5）GB/T 6343—2009　泡沫塑料与橡胶　表观（体积）密度的测定。
（6）GB/T 8813—2008　硬质泡沫塑料　压缩性能的测定。

1.3.3 检测设备

（1）10kN 电子万能材料试验机：相对示值误差小于 1%，试验机具有显示受压变形装置。
（2）双试件平板导热系数测定仪
1）主要技术指标
① 试件规格　300mm×300mm，厚度 10～40mm（优选厚度 25mm）；
② 冷板温度　10～50℃；
③ 热板温度　室温～80℃；
④ 测试准确度≤3%；
⑤ 测试重复性<1%；
⑥ 电源电压 AC 220V　总功率 2kW；
⑦ 使用环境带空调的实验室内（24～26℃）。
2）工作原理
采用双试件测定装置，防护热板组：包括加热单元、冷却单元。加热单元应分为在中心的计量单元和由隔缝分开的环绕计量单元的防护单元，并装有绝热装置。热单元采用双热面加热器，冷板与双热面对称布置，根据试件的厚度设定移动冷板的空间，将被测试件垂直放置在两个相互平行具有恒定温度的平板中。在稳定状态下，试件中心测量部分具恒定热流，通过测定稳定状态下流过计量单元

的一维恒定热流量 Q、计量单元的面积 A、试件冷、热表面的温度差 ΔT，可计算出试件的热阻 R，根据试件的厚度，即可准确算出试件的导热系数 λ 值，如图 1.3-1 所示。

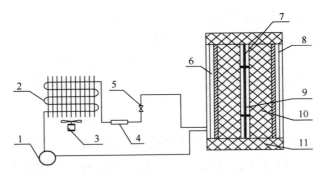

制冷系统

1—压缩机；2—冷凝器；3—风冷电机；4—过滤器；5—膨胀阀；6—蒸发器；

导热系数测定系统

7—加热单元；8—冷却单元；9—检测中心区域；10—试件；11—保温层

图 1.3-1 导热系数测定仪原理图

3）电热鼓风干燥箱：控温范围 50～200℃，温度波动±1℃。

4）恒温恒湿试验箱：温度（23±2）℃；相对湿度（50±5）%。

5）游标卡尺：分度值 0.01mm。

6）精密电子天平：精确度 0.1%。

7）钢直尺：分度值 1mm。

8）保温材料切割装置。

1.3.4 取样方法

（1）（100±1）mm ×（100±1）mm×制品厚度，10 块。

（2）300mm×300mm×制品厚度，2 块。

1.3.5 检验方法

1. 导热系数

（1）状态调节

试验按 GB/T 2918—1998 中 23/50 二级环境条件进行，试验室的标准条件：样品在温度（23±2）℃、相对湿度（50±5）%的条件下进行 16 h 状态调节。

（2）试样制备

在距样品边缘 20mm 处采用电热丝切割 300mm×300mm、厚度<40mm 的试件 2 块。硬质材料试样表面不平整度应小于厚度的±2%。

（3）试验步骤

1）用游标卡尺测量每个试件的厚度，至少测 5 个点，测量点尽可能分散。取每一点上三次读数的中值，并用 5 个或 5 个以上的中值计算平均值，精确至 0.1mm。最后将两试件的厚度再平均得出试件厚度 d。

2）按需要及要求在导热仪操作系统界面填写运行参数设置：

——试件面积（计量面积）：0.021m²；

——试件厚度（m）：根据所检测试件的厚度填写；

——计量板温度（℃）与防护板温度（℃）相同：25.0℃；

——左冷板温度（℃）与右冷板温度（℃）相同：15.0℃。

3）将被测试件垂直放置在智能导热仪两个相互平行且具有恒定温度的平板中，自动开启夹紧装置，左气缸与左气缸同时将左侧板与右侧板压紧，施加的压力不大于 2.5kPa。关闭前门旋转锁紧手柄，将前门压紧，再点击上气缸自动将上盖落下，试件装夹完毕。

4）开启操作系统的自动检测程序，开始自动进行调控温度及采集计算。通过温控曲线，可在运行过程中观察温度的变化趋势。试验进入稳态后，4h 左右即可结束试验。

（4）试验结果计算

操作系统进入稳态后每半小时采集一组数据，最后根据稳态数据的平均值按式（1.3-1）计算导热系数：

$$\lambda = \frac{\Phi \cdot d}{A(T_1 - T_2)} \qquad (1.3\text{-}1)$$

式中：λ——试件导热系数，单位为瓦/（米·开）[W/(m·K)]；

Φ——加热单元计量部分的平均加热功率，单位为瓦（W）；

T_1——试件热面温度平均值，单位为开（K）；

T_2——试件冷面温度平均值，单位为开（K）；

A——计量面积，单位为平方米（m²）；

d——试件平均厚度，单位为米（m）。

绝热用挤塑聚苯乙烯泡沫塑料板（XPS）、绝热用模塑聚苯乙烯泡沫塑料板（EPS）导热系数计算结果精确至 0.001W/（m·K）。

2. 表观密度

（1）试样尺寸（100±1）mm×（100±1）mm×（50±1）mm，试样数量 3 个。

（2）测试用样品材料生产后，应至少放置 72h，才能进行制样。如果经验数据表明，材料制成后放置 48h 或 16h 测出的密度与放置 72h 测出的密度相差小于 10%，放置时间可减少至 48h 或 16h。

（3）样品应在下列规定的标准环境或干燥环境（干燥器中）中至少放置16h，这段状态调节时间可以是在材料制成后放置的 72 h 中的一部分。

1）温度（23±2）℃，相对湿度（50±10）％；

2）温度（23±5）℃，相对湿度 50^{+20}_{-10} ％；

3）温度（27±5）℃，相对湿度 65^{+20}_{-10} ％。

干燥环境：（23±2）℃或（27±2）℃。

（4）用游标卡尺测量试样的三维尺寸，单位为毫米（mm），游标卡尺的读数应修约到 0.2mm。测量时应逐步地将游标卡尺预先调节至较小的尺寸，并将其测量面对准试样，当游标卡尺的测量面恰好接触到试样表面而又不压缩或损伤试样时，调节完成。

（5）每个尺寸至少测量三个位置，在中部每个尺寸测量五个位置。分别计算每个尺寸的平均值，并计算试样体积。

（6）用电子天平测量试样的质量，精确至 0.5％，单位为克（g）。

（7）由式（1.3-2）计算试样的表观密度，取其平均值，精确至 0.1 kg/m³。

$$\rho = \frac{m}{V} \times 10^6 \qquad\qquad (1.3\text{-}2)$$

式中：ρ——试样的表观密度，单位为千克每立方米（kg/m³）；

　　　m——试样的质量，单位为克（g）；

　　　V——试样的体积，单位为立方毫米（mm³）。

3. 压缩强度

（1）试样状态调节按规定进行。温度（23±2）℃，相对湿度（50±10）％，至少 6 h。

（2）按 GB/T 6342 规定，测量每个试样的三维尺寸。将试样放置在万能材料试验机的两块平行板之间的中心，尽可能以每分钟压缩试样初始厚度（h_0）10％的速率压缩试样，直到试样厚度变为初始厚度的 85％，记录在压缩过程中的应力值。

1）EPS 板

试样尺寸（100±1）mm×（100±1）mm×（50±1）mm，试样数量 5 个，试验速度 5mm/min，取相对形变为 10％ 时的压缩应力。

2）XPS 板

试样尺寸（100.0±1.0）mm×（100.0±1.0）mm×原厚。对于厚度大于100mm 的制品，试件的长度和宽度应不低于制品厚度。加荷速度为每分钟压缩试件厚度的 1/10（mm/min），压缩强度取 5 个试件试验结果的平均值。

（3）根据情况计算压缩强度 σ_m 和相对形变 ε_m 或相对形变为 10％时的压缩应力 σ_{10}；如果材料在试验完成前屈服，但仍能抵抗住渐增的力时，三项性能需全部计算。

1）压缩强度 σ_{m}（kPa）按式（1.3-3）计算：

$$\sigma_{\mathrm{m}} = 10^3 \times \frac{F_{\mathrm{m}}}{A_0} \qquad (1.3\text{-}3)$$

式中：F_{m}——相对形变 $\varepsilon < 10\%$ 时的最大压缩力，单位为牛顿（N）；

　　　A_0——试样初始横截面积，单位为平方毫米（mm^2）。

2）相对形变 ε_{m}（%）按式（1.3-4）计算：

$$\varepsilon_{\mathrm{m}} = \frac{x_{\mathrm{m}}}{h_0} \times 100 \qquad (1.3\text{-}4)$$

式中：x_{m}——达到最大压缩力时的位移，单位为毫米（mm）；

　　　h_0——试样初始厚度，单位为毫米（mm）。

3）相对形变为 10% 时的压缩应力 σ_{10}（kPa）按式（1.3-5）计算：

$$\sigma_{10} = 10^3 \times \frac{F_{10}}{A_0} \qquad (1.3\text{-}5)$$

式中：F_{10}——使试样产生 10% 相对形变的力，单位为牛顿（N）；

　　　A_0——试样初始横截面积，单位为平方毫米（mm^2）。

1.3.6　性能指标

EPS 板节能的结果评定见表 1.3-1。

表 1.3-1　EPS 板节能的结果评定

项目	单位	性能指标					
		Ⅰ	Ⅱ	Ⅲ	Ⅳ	Ⅴ	Ⅵ
表观密度不小于	kg/m³	15.0	20.0	30.0	40.0	50.0	60.0
压缩强度不小于	kPa	60	100	150	200	300	400
导热系数不大于	W/（m·K）	0.041		0.039			

XPS 板节能的结果评定见表 1.3-2。

表 1.3-2　XPS 板节能的结果评定

项目	单位	性能指标									
		带表皮								不带表皮	
		X150	X200	X250	X300	X350	X400	X450	X500	W200	W300
压缩强度	kPa	≥150	≥200	≥250	≥300	≥350	≥400	≥450	≥500	≥200	≥300
导热系数（平均温度 25℃）	W/（m·K）	≤0.030				≤0.029				≤0.035	≤0.032

1.3.7 判定准则

保温板材的节能检验结果应符合相关产品标准的规定。如果有两项指标不合格，则判该批产品不合格。如果只有一项指标（单块值）不合格，应加倍抽样复验。复验结果仍有一项（单块值）不合格，则判该批产品不合格。

1.4 加气混凝土砌块的抗压强度、导热系数的测定

1.4.1 检验批

同一厂家同一品种的产品，单位工程建筑面积在 20000m² 以下时各抽检不少于 3 次；单位工程建筑面积在 20000m² 以上时各抽检不少于 6 次。

1.4.2 试验标准

（1）GB 11968—2006 蒸压加气混凝土砌块。

（2）GB/T 11969—2008 蒸压加气混凝土性能试验方法。

（3）GB/T 10294—2008 绝热材料稳态热阻及有关特性的测定 防护热板法。

1.4.3 检测设备

（1）300kN 微机控制电液伺服万能试验机。

（2）钢板直尺：规格为 300mm，分度值为 0.5mm。

（3）双试件平板导热系数测定仪。

（4）恒温恒湿鼓风干燥机：控温范围 50～200℃，温度波动±1℃。

（5）数显游标卡尺：分度值为 0.01mm。

（6）干燥器。

1.4.4 取样方法

（1）抗压强度：100mm×100mm×100mm 立方体试件 3 组共 9 块，且分别标明在块体中的上、中、下位置及膨胀方向。

（2）导热系数：300mm×300mm×30mm 板状试件 2 块，且厚度方向垂直于制品膨胀方向。

1.4.5 检验方法

（1）抗压强度

1）检查试件外观。

2）测量试件的尺寸，精确至1mm，并计算试件的受压面积（A_1）。

3）将试件放在材料试验机的下压板的中心位置，试件的受压方向应垂直于制品的发气方向。

4）开动试验机，当上压板与试件接近时，调整球座，使接触均衡。

5）以（2.0±0.5）kN/s的速度连续而均匀地加荷，直至试件破坏，记录破坏荷载（p_1）。

6）抗压强度按式（1.4-1）计算：

$$f_{cc} = \frac{p_1}{A_1} \qquad\qquad (1.4\text{-}1)$$

式中：f_{cc}——试件的抗压强度，单位为兆帕（MPa）；

$\quad\quad p_1$——破坏荷载，单位为牛（N）；

$\quad\quad A_1$——试件的受压面积，单位为平方毫米（mm^2）。

（2）导热系数

1）试验按23/50二级环境条件进行，试验室的标准条件：样品在温度（23±2）℃、相对湿度（50±5）%的条件下进行16h状态调节。

2）对于蒸压加气混凝土砌块，需制作300mm×300mm×30mm（长×宽×厚）的同条件养护试件，表面不平整度应小于厚度的±2%。

3）在每个试件两个对应面的端部测量厚度，各量两个尺寸，取平均值，精确至1mm。最后将两试件的厚度再平均得出试件厚度。

4）将试件放入电热鼓风干燥箱内，在（60±5）℃下保温24h，然后在（80±5）℃下保温24h，再在（105±5）℃下烘至恒质。最后放入干燥器冷却至室温。恒质指在烘干过程中间隔4h，前后两次质量差不超过试件质量的0.5%。

5）将被测试件垂直放置在智能导热仪两个相互平行且具有恒定温度的平板中，自动开启夹紧装置，左气缸与左气缸同时将左侧板与右侧板压紧，施加的压力不大于2.5kPa。关闭前门旋转锁紧手柄，将前门压紧，再点击上气缸自动将上盖落下，试件装夹完毕。

6）按需要及要求在导热仪操作系统界面填写运行参数设置：

——试件面积（计量面积）：0.021m^2；

——试件厚度（m）：根据所检测试件的厚度填写；

——计量板温度（℃）与防护板温度（℃）相同：25.0℃；

——左冷板温度（℃）与右冷板温度（℃）相同：15.0℃。

7）开启操作系统的自动检测程序，开始自动进行调控温度及采集计算。通过温控曲线，可在运行过程中观察温度的变化趋势。试验进入稳态后，4h左右即可结束试验。

1.4.6　性能指标

蒸压加气混凝土砌块的节能指标应符合表 1.4-1 的规定。

表 1.4-1　蒸压加气混凝土砌块的节能指标

干密度级别		B03	B04	B05	B06	B07	B08
强度级别	优等品（A）	A1.0	A2.0	A3.5	A5.0	A7.5	A10.0
	合格品（B）			A2.5	A3.5	A5.0	A7.5
导热系数（干态）/[(W/(m·K)]≤		0.10	0.12	0.14	0.16	0.18	0.20

蒸压加气混凝土砌块的立方体抗压强度应符合表 1.4-2 的规定。

表 1.4-2　蒸气加气混凝土砌块的立方体抗压强度

强度级别	立方体抗压强度/MPa	
	平均值不小于	单组最小值不小于
A1.0	1.0	0.8
A2.0	2.0	1.6
A2.5	2.5	2.0
A3.5	3.5	2.8
A5.0	5.0	4.0
A7.5	7.5	6.0
A10.0	10.0	8.0

1.4.7　判定规则

（1）以 3 组抗压强度试件测定结果按表 1.4-2 判定其强度级别。当强度和干密度级别关系符合规定，同时，3 组试件中各个单组抗压强度平均值全部大于表 1.4-2 规定的此强度级别的最小值时，判定该批砌块符合相应等级；若有 1 组或 1 组以上此强度级别的最小值时，判定该批砌块不符合相应等级。

（2）节能检验的各项指标全部符合相应等级的技术要求规定时，判定为相应

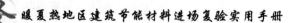

等级；否则降等级或判定为不合格。

1.5 喷涂聚氨酯硬泡体保温材料的导热系数、密度、抗压强度、粘结强度的测定

1.5.1 检验批

同一厂家同一品种的产品，单位工程建筑面积在 20000m² 以下时各抽检不少于 3 次；单位工程建筑面积在 20000m² 以上时各抽检不少于 6 次。

1.5.2 试验标准

（1）JC/T 998—2006 喷涂聚氨酯硬泡体保温材料。

（2）GB/T 10294—2008 绝热材料稳态热阻及有关特性的测定 防护热板法。

（3）GB/T 6343—2009 泡沫塑料与橡胶 表观（体积）密度的测定。

（4）GB/T 8813—2008 硬质泡沫塑料 压缩性能的测定。

（5）GB/T 16777—2008 建筑防水涂料试验方法。

1.5.3 检测设备

（1）10kN 电子万能材料试验机：相对示值误差小于 1%。

（2）钢板直尺：规格为 300mm，分度值为 0.5mm。

（3）双试件平板导热系数测定仪。

（4）恒温恒湿鼓风干燥机：控温范围 50～200℃，温度波动±1℃。

（5）精密电子天平：精确度 0.1%。

（6）游标卡尺：分度值为 0.01mm。

1.5.4 取样方法

（1）在喷涂施工现场，用相同标准的施工工艺条件单独制成一个泡沫体。

（2）泡沫体的尺寸应满足所有试验样品的要求。

（3）泡沫体应在标准试验条件下放置 72h。

（4）试件的数量与推荐尺寸按表 1.5-1 从泡沫体切取，所有试件都不带表皮。

（5）粘结强度的试件按建筑防水材料规定的方法制备，制成 8 字模砂浆块，在 2 个砂浆块的端面之间留出 20mm 的间隙，在施工现场用 SPF 将空隙喷满，在标准试验条件下放置 72h，然后将喷涂高出的表面层削平。

表 1.5-1 试件数量及推荐尺寸

项次	检验项目	试样尺寸（mm³）	数量（个）
1	导热系数	300×300×25	2
2	密度	100×100×30	5
3	抗压强度	100×100×30	5
4	粘结强度	8 字砂浆块	6

1.5.5 检验方法

（1）标准试验条件

试验室标准试验条件为：温度（23±2）℃，相对湿度 45％～55％。

（2）试验前所用器具应在标准试验条件下放置 24h。

（3）导热系数

导热系数试件切取后即按 GB/T 10294 规定进行，试验平均温度为（23±2）℃，检验步骤与保温板材相同。

（4）密度

1）用游标卡尺测量，单位为毫米（mm），游标卡尺的读数应修约到 0.2mm。测量时应逐步地将游标卡尺预先调节至较小的尺寸，并将其测量面对准试样，当游标卡尺的测量面恰好接触到试样表面而又不压缩或损伤试样时，调节完成。

2）每个尺寸至少测量三个位置，在中部每个尺寸测量五个位置。分别计算每个尺寸的平均值，并计算试样体积。

3）用电子天平测量试样的质量，精确至 0.5％，单位为克（g）。

4）按式（1.5-1）计算密度，取其平均值，精确到 0.1kg/m³：

$$\rho = \frac{m}{V} \times 10^6 \tag{1.5-1}$$

式中：ρ——试样的密度，单位为千克每立方米（kg/m³）；

m——试样的质量，单位为克（g）；

V——试样的体积，单位为立方毫米（mm³）。

（5）抗压强度

1）试样两平面的平行度误差不应大于 1％。制取试样应使其受压面与制品使用时要承受的压力方向垂直。制取试样应不改变泡沫材料的结构。制品在使用过程中不保留模塑表皮的，应去除表皮。

2）测量每个试样的三维尺寸，将试样放置在万能材料试验机的两块平行板之间的中心，尽可能以每分钟压缩试样初始厚度（h_0）10％的速率压缩试样，直

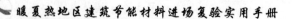

到试样厚度变为初始厚度的 85%，记录在压缩过程中的应力值。

3）根据情况计算压缩强度 σ_m 和相对形变 ε_m 或相对形变为 10% 时的压缩应力 σ_{10}；如果材料在试验完成前屈服，但仍能抵抗住渐增的力时，三项性能需全部计算。具体试验步骤与保温板材相同。

（6）粘结强度

1）粘结基材制备："8"字形水泥砂浆块，采用强度等级 42.5 级的普通硅酸盐水泥，将水泥、中砂按照质量比 1：1 加入砂浆搅拌机中搅拌，加水量以砂浆稠度 70～90mm 为准，倒入模框中振实抹平，然后移入养护室，1d 后脱模，水养护 10d 后再在（50±2）℃的烘箱中干燥（24±0.5）h，取出在标准条件下放置备用。制备 6 对砂浆试块为一组。

2）试件制备：取 6 对制备好的砂浆试块，用 2 号（粒径 60 目）砂纸清除表面浮浆，将砂浆试块浸入（23±2）℃的水中浸泡 24h。从水中取出砂浆块，用湿毛巾擦去水渍，晾置 5min 后，在 2 个砂浆块的端面之间留出 20mm 的间隙，在施工现场用 SPF 将空隙喷满，在标准试验条件下放置 72h，然后将喷涂高出的表面层削平。

3）用游标卡尺测量粘结面的长度、宽度，精确至 0.02mm。将试件装在试验机上，以 50mm/min 的速度拉伸至试件破坏，记录试件的最大拉力。

4）粘结强度按式（1.5-2）计算：

$$\sigma = F/(a \cdot b) \tag{1.5-2}$$

式中：σ——粘结强度，单位为兆帕（MPa）；

$\quad\quad F$——最大拉力，单位为牛顿（N）；

$\quad\quad a$——粘结面的长度，单位为毫米（mm）；

$\quad\quad b$——粘结面的宽度，单位为毫米（mm）。

粘结强度以 5 个试件的算术平均值表示，精确至 0.01MPa。

1.5.6 性能指标

喷涂聚氨脂硬泡体节能的性能指标应符合表 1.5-2 的规定。

表 1.5-2 喷涂聚氨酯硬泡体节能的性能指标

项次	项　目		指标		
1	密度/（kg/m³）	≥	I	Ⅱ－A	Ⅱ－B
2	导热系数/W[/（m·K）]	≤	30	35	50
3	粘结强度/kPa	≥	100		
4	抗压强度/kPa	≥	150	200	300

1.5.7 判定规则

所有试验结果均符合表 1.5-2 的要求时，则判该批产品合格；有两项或两项以上试验结果不符合要求时，则判该批产品不合格；有一项试验结果不符合要求，允许用备用件对所有项目进行复验，若所有试验结果符合标准要求时，则判定该批产品合格，否则判定该批产品为不合格。

1.6 保温砂浆施工中的同条件养护试件的导热系数、干密度、抗压强度的测定

1.6.1 检验批

以相同原料、相同生产工艺、同一类型、稳定连续生产的产品 300m² 为一个检验批。稳定连续生产三天产量不足 300m² 为一个检验批。

1.6.2 试验标准

(1) GB/T 20473—2006 建筑保温砂浆。

(2) GB/T 5486—2008 无机硬质绝热制品试验方法。

(3) GB/T 10294—2008 绝热材料稳态热阻及有关特性的测定 防护热板法。

1.6.3 检测设备

(1) 10kN 微机控制电子万能试验机：精度 1 级。

(2) 电子天平：最大称量 1200g，检定标尺分度值 $e＝0.1g$，实际标尺分度值 $d＝0.01g$。

(3) 双试件平板导热系数测定仪。

(4) 恒温恒湿鼓风干燥机：控温范围 50～200℃，温度波动±1℃。

(5) 游标卡尺：分度值 0.01mm。

1.6.4 取样方法

取样应有代表性，可连续取样，也可从 20 个以上不同堆放部位的包装袋中取等量样品并混合均匀，总量不少于 40L。

1.6.5 检验方法

(1) 导热系数

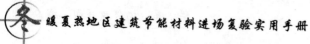

1）将拌制拌和物用的材料提前 24 h 放入试验室内，试验室温度保持在（20±5)℃，采用圆盘强制搅拌机，搅拌时间为 2min。也可采用人工搅拌，将建筑保温砂浆与水拌和进行试配，确定拌和物稠度为（50±5) mm 时的水料比。

2）按确定的水料比或生产商推荐的水料比混合搅拌制备拌和物，制作 300mm×300mm×30mm 试件两块，按生产商规定的养护条件及时间进行养护，自成型时算起不得多于 28d。

3）导热系数试验按 GB/T 10294 的规定进行，平均温度设定为 25℃。

（2）干密度

1）将按确定水料比制备的拌合物注满 70.7mm×70.7mm×70.7mm 钢质有底试模，用捣棒均匀地由外向里按螺旋方向轻轻插捣 25 次。为防止可能留下孔洞，用油灰刀沿模插捣数次或用橡皮锤轻轻敲击试模四周，直至插捣棒留下的空洞消失，最后将高出部分的拌和物沿试模顶面削去抹平。至少用 6 个三联试模成型 18 块试件。

2）试件制作后用聚乙烯薄膜覆盖，在(20±5)℃温度环境中静停（48±4) h，然后编号拆模。拆模后应立即在（20±3)℃、相对湿度（60～80)％的条件下养护至 28 d。

3）养护结束后将试件从养护室取出并在（105±5)℃或生产商推荐的温度下烘至恒质，放入干燥器中备用。恒质的判据为恒温 3h 两次称量试件的质量变化率小于 0.2％。

4）从制备的试件中取 6 块试件，称量试件自然状态下的质量 G，保留 5 位有效数字。

5）在试件正面和侧面上距两边 20mm 处，用游标卡尺测量长宽高度，精确至 1mm。测量结果为 6 个测量值的算术平均值，并计算试件的体积 V。

6）试件的干密度按式（1.6-1）计算，精确至 1kg/m³：

$$\rho = \frac{G}{V} \tag{1.6-1}$$

式中：ρ——试件的密度，单位为千克每立方米（kg/m³）；

G——试件烘干后的质量，单位为千克（kg）；

V——试件的体积，单位为立方米（m³）。

7）干密度试验结果以 6 块试件检测值的算术平均值表示，精确至 1kg/m³。

（3）抗压强度

1）检验干密度后的 6 个试件，在上、下两受压面用游标卡尺测量长度和宽度，在厚度的两个对立面的中部测量试件的厚度。长度和宽度测量结果分别为四个测量值的算术平均值，精确至 0.5mm；厚度测量结果为两个测量值的算术平均值，精确至 0.5mm。

2）将试件置于试验机的承压板上，使试验机承压板的中心与试件中心重合。

3）开动试验机，当上压板与试件接近时，微调球座，使试件受压面与承压板均匀接触。

4）以（10±1）mm/min 的速度对试件加荷，直至试件破坏，同时记录压缩变形值。当试件在压缩变形 5% 时没有破坏，则试件压缩变形 5% 时的荷载为破坏荷载。记录破坏荷载 P，精确至 10N。

5）每个试件的抗压强度按式（1.6-2）计算，精确至 0.01MPa：

$$\sigma = \frac{P}{S} \tag{1.6-2}$$

式中：σ——试件的抗压强度，单位为兆帕（MPa）；

$\qquad P$——试件的破坏荷载，单位为牛顿（N）；

$\qquad S$——试件的受压面积，单位为平方毫米（mm²）。

制品的抗压强度为 6 块试件抗压强度的算术平均值，精确至 0.01MPa。

1.6.6　性能指标

建筑保温砂浆节能的性能指标应符合表 1.6-1 的要求。

表 1.6-1　建筑保温砂浆节能性能指标

项　目	技术要求	
	Ⅰ型	Ⅱ型
干密度/（kg/m³）	240～300	301～400
抗压强度/MPa	≥0.20	≥0.40
导热系数（平均温度 25 ℃）/[W/m·K]	≤0.070	≤0.085

1.6.7　判定规则

检验的所有项目若全部合格则判定该批产品合格；若有一项不合格，则判该批产品不合格。

1.7　耐碱网布的拉伸断裂强力及其保留率、断裂伸长率的测定

1.7.1　检验批

同一厂家同一品种的产品，单位工程建筑面积在 20000m² 以下时各抽检不少

于 3 次；单位工程建筑面积在 20000m² 以上时各抽检不少于 6 次。

1.7.2　试验标准

（1）JC/T 841—2007　耐碱玻璃纤维网布。

（2）GB/T 7689.5—2013　增强材料 机织物试验方法 第 5 部分：玻璃纤维拉伸断裂强力和断裂伸长率的测定。

（3）GB/T20102　玻璃纤维网布耐碱性试验方法 氢氧化钠溶液浸泡法。

（4）JG/T 158—2013　胶粉聚苯颗粒外墙外保温系统材料。

（5）JGJ 144—2008　外墙外保温工程技术规程。

1.7.3　检测设备

（1）10kN 微机控制电子万能试验机：精度 1 级。

（2）增强网抗腐蚀性能检测仪。

（3）电热恒温鼓风干燥箱：50～200℃。

1.7.4　取样方法

去除布卷端头至少 1000mm，在不同的布卷上分别裁取长约 1000mm 的整幅网布 3 块。

1.7.5　检验方法

（1）拉伸断裂强力及其保留率

1）试样制备

从卷装上裁取 30 个宽度为（50±5）mm、长度为（600±13）mm 的试样条，其中 15 个试样条的长边平行于耐碱玻纤网的经向，另 15 个试样条的长边平行于耐碱平行于耐碱玻纤网的纬向。

分别在每个试样条的两端编号，然后将试样条沿横向从中间一分为二，一半用于测定未经水泥浆液浸泡的拉伸断裂强力，另一半用于测定水泥浆液浸泡后的拉伸断裂强力。

2）水泥浆液的配制

按质量取 1 份强度等级为 42.5 级的普通硅酸盐水泥与 10 份水搅拌 30min 后，静置过夜。取上层澄清液作为试验用水泥浆液。

3）试验步骤

① 将试样平放在增强网抗腐蚀检测仪中的水泥浆液中，温度设定在（80±2）℃，浸泡时间 6 h。

② 取出试样，用清水浸泡 5min，再用流动的自来水漂洗 5min，然后在（60

±5)℃的烘箱中烘 1h，再在标准环境［（23±2)℃；相对湿度（50±5)％）］中存放 24h。

③ 调整电子拉力机夹具间距为（200±2）mm。使试样的纵轴贯穿两个夹具前边缘的中点，夹紧其中一个夹具。在夹紧另一个夹具前，从试样的中部与试样纵轴相垂直的方向切断备衬纸板，并在整个试样宽度方向上均匀地施加预张力，预张力大小为预期强力的（1±0.25)％，然后夹紧另一个夹具。

④ 设定拉伸速度为（100±5）mm/min，启动活动夹具，拉伸试样至断裂。记录最终断裂强力。除非另有商定，当织物分为两个或两个以上阶段断裂时，如双层或两个更复杂的织物，记录第一组纱断裂时的最大强力，并将其作为织物的拉伸断裂强力。

⑤ 记录断裂伸长，精确至 1mm。如果有试样断裂在两个夹具中的接触线 10mm 以内，则在报告中记录实际情况，但计算结果时舍去该断裂强力和断裂伸长，并用新试样重新试验。

⑥ 测试同一试样条未经水泥浆液浸泡处理试样和经水泥浆液浸泡处理试样的拉伸断裂强力，经向试样和纬向试样均不应少于 5 组有效的测试数据。按式（1.7-1）分别计算经向和纬向试样的耐碱断裂强力：

$$F_c = \frac{C_1 + C_2 + C_3 + C_4 + C_5}{5} \qquad (1.7\text{-}1)$$

式中：F_c——经向或纬向试样的耐碱断裂强力，单位为牛顿（N）；

$C_1 \sim C_5$——分别为 5 个经水泥浆液浸泡的经向或纬向试样的拉伸断裂强力，单位为牛顿（N）。

按式（1.7-2）分别计算经向和纬向试样的耐碱断裂强力保留率：

$$R_a = \frac{\dfrac{C_1}{U_1} + \dfrac{C_2}{U_2} + \dfrac{C_3}{U_3} + \dfrac{C_4}{U_4} + \dfrac{C_5}{U_5}}{5} \times 100\% \qquad (1.7\text{-}2)$$

式中：R_a——拉伸断裂强力保留率；

$U_1 \sim U_5$——分别为 5 个未经水泥浆液浸泡的经向或纬向试样的拉伸断裂强力，单位为牛顿（N）。

⑦ 计算试样每个方向（经向和纬向）断裂伸长的算术平均值，以断裂伸长增量与初始有效长度的百分比表示，保留两位有效数字，分别作为试样经向和纬向的断裂伸长。

1.7.6　性能指标

耐碱玻纤网节能的性能指标应符合表 1.7-1 的规定。

表 1.7-1　耐碱玻纤网节能的性能指标

项　目	单位	性能指标	
		普通型（用于涂料饰面工程）	加强型（用于面砖饰面工程）
耐碱断裂强力（经、纬向）	N/50mm	≥1000	≥1500
耐碱断裂强力保留率（经、纬向）	%	≥80	≥90

1.7.7　判定规则

当全部检验项目均符合表 1.7-1 的规定时，则判为合格；当有一项指标不符合要求时，则判定该批产品不合格。

1.8　热镀锌电焊网的焊点抗拉力、镀锌层质量的测定

1.8.1　检验批

同一厂家同一品种的产品，单位工程建筑面积在 20000^2 以下时各抽检不少于 3 次；单位工程建筑面积在 20000^2 以上时各抽检不少于 6 次。

1.8.2　试验标准

（1）QB/T 3897—1999　镀锌电焊网。
（2）GB/T 2973—2004　镀锌钢丝锌层质量试验方法。
（3）JG/T 158—2013　胶粉聚苯颗粒外墙外保温系统材料。

1.8.3　检测设备

（1）10kN 微机控制电子万能试验机，精度 1 级。
（4）电子天平，精度 0.001g。
（3）螺旋千分尺，精度 0.001mm。
（4）化学药品，六次甲基四胺；密度为 $1.18g/cm^3$ 的浓盐酸。

1.8.4　取样方法

去除网卷端头至少 1000mm，在不同的网卷上分别截取长约 1000mm 的整幅电焊网 3 块。

1.8.5　检验方法

（1）焊点抗拉力

在网上相交于一点四条边上每条任取 5 点，成 90°交叉 U 型，按图 1.8-1 进行拉力试验，取平均值，精确至 1N。

（2）镀锌层质量

1）试样制备

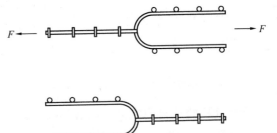

试样长度应根据钢丝直径进行切取，注意避免表面损伤。试验前用乙醇、汽油等溶剂擦洗。必要时再用氧化镁糊剂轻擦并水洗后迅速干燥。

2）试验溶液的配制

图 1.8-1　焊点抗拉力试验示意图

将 3.5g 六次甲基四胺溶于 500mL 的浓盐酸中，用蒸馏水稀释至 1000mL。

3）试验步骤

① 称量去掉锌层前试样的质量，钢丝直径不大于 0.80mm 时至少精确至 0.001g；钢丝直径大于 0.80mm 时至少精确至 0.01g。

② 将试样完全浸没在试验溶液中。试样比容器长时，可将试样作适当弯曲或卷起来。试验过程中，试验溶液温度不得超过 38℃。

③ 待氢气的发生明显减少、锌层完全溶解后，取出试样立即水洗后用棉布擦净充分干燥，再次称量试样去掉锌层后的质量，钢丝直径不大于 0.80mm 时至少精确至 0.001g；钢丝直径大于 0.80mm 时至少精确至 0.01g。

④ 测量试样去掉锌层后的直径，应在同一圆周上两个相互垂直的部位各测一次，求其平均值，精确至 0.01mm。

4）试验结果计算

热镀锌电焊网锌层质量按式（1.8-1）计算：

$$W = \frac{W_1 - W_2}{W_2} \cdot d \times 1960 \tag{1.8-1}$$

式中：W——镀锌网单位面积上的锌层质量，单位为克每平方米（g/m²）；

$\quad\quad W_1$——去掉锌层前试样的质量，单位为克（g）；

$\quad\quad W_2$——去掉锌层后试样的质量，单位为克（g）；

$\quad\quad d$——去掉锌层后试样的直径，单位为毫米（mm）；

$\quad\quad 1960$——常数。

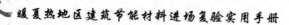

1.8.6 性能指标

热镀锌电焊网节能的性能应符合表 1.8-1 的要求。

表 1.8-1　热镀锌电焊网节能的性能指标

项目	单位	性能指标
焊点抗拉力	N	>65
网面镀锌层质量	g/m²	>122

1.8.7 判定规则

当全部检验项目均符合表 1.8-1 的要求时，则判为合格；当有两项或两项以上指标不符合要求时，则判定该批产品不合格；当有一项指标不符合要求时，应对同一批系统产品进行加倍抽样复检不合格项，若该项指标符合要求，则判定该批产品合格；若该项指标仍不符合要求，则判定该批产品不合格。

1.9　聚苯乙烯板胶粘剂拉伸粘结强度的测定

1.9.1 检验批

同一厂家同一品种的产品，单位工程建筑面积在 20000m² 以下时各抽检不少于 3 次；单位工程建筑面积在 20000m² 以上时各抽检不少于 6 次。

1.9.2 试验标准

（1）JC/T 992—2006　墙体保温用膨胀聚苯乙烯板胶粘剂。

（2）JG/T 298—2010　建筑室内用腻子。

（4）JG/T 24—2000　合成树脂乳液砂壁状建筑涂料。

（5）GB/T 17671—1999　水泥胶砂强度检验方法（ISO 法）。

（6）JC/T 547—2005　陶瓷墙地砖胶粘剂。

1.9.3 检测设备

（1）10kN 微机控制电子万能试验机，精度 1 级。

（2）试样成型框：材料为金属或硬质塑料，尺寸如图 1.9-1 所示。

（3）抗拉用钢质上、下夹具和钢质垫板：形状及尺寸如图 1.9-2～图 1.9-4 所示。材料为 45 号钢。

（4）双组分环氧树脂粘结剂。

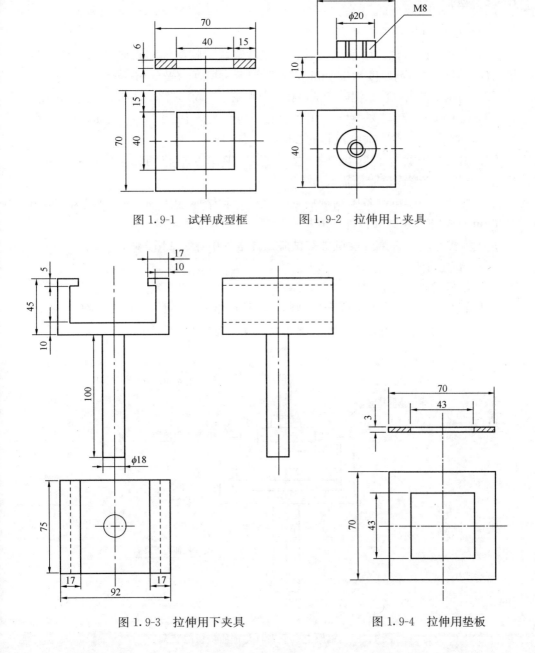

图 1.9-1　试样成型框　　　　图 1.9-2　拉伸用上夹具

图 1.9-3　拉伸用下夹具　　　　图 1.9-4　拉伸用垫板

1.9.4　取样方法

每批抽取 15kg。

1.9.5 检验方法

（1）试样制备

1）试样组件由拉伸用钢质夹具、水泥砂浆块、胶粘剂和膨胀聚苯板或砂浆块组成，其中胶粘剂厚度为 3.0mm，膨胀聚苯板厚度为 20mm；

2）每组试件由六块水泥砂浆试块和六个水泥砂浆或膨胀聚苯板试块粘结而成；

3）按 GB/T 17671 的规定，用普通硅酸盐水泥与中砂按 1：3（质量比）、水灰比 0.5 制作水泥砂浆试块，养护 28d 后，备用；

4）用表观密度为 18kg/m³的、按规定经过陈化后合格的膨胀聚苯板作为试验用标准板，切割成试验所需尺寸；

5）按产品说明书制备胶粘剂后粘结试件，粘结厚度为 3mm，面积为 40mm×40mm；粘结后在试验条件下养护；

6）养护环境：标准强度试件在试验条件空气中养护 14d。

（2）试验步骤

1）试验仪器

试验仪器由硬聚氯乙烯或金属型框、抗拉用钢质上夹具、抗拉用钢质下夹具等部分组成。拉伸专用夹具装配按图 1.9-5 所示进行。

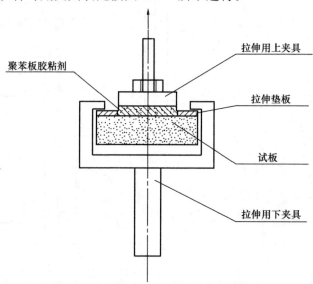

图 1.9-5　钢质上、下夹具与钢质垫板的装配

2）标准状态下粘结强度试验

养护期满后进行拉伸粘结强度测定，拉伸速度为（5±1）mm/min。记录每个试样的测试结果及破坏界面。

3）试验结果

拉伸粘结强度按式（1.9-1）计算：

$$R = \frac{F}{A} \qquad\qquad (1.9\text{-}1)$$

式中：R——试样拉伸粘结强度，单位为兆帕（MPa）；

$\quad\quad F$——试样破坏荷载值，单位为牛顿（N）；

$\quad\quad A$——粘结面积，单位为平方毫米（mm^2），取 $A = 1600mm^2$。

试验结果为五个试样的算术平均值，精确至 0.01MPa。

1.9.6 性能指标

胶粘剂的节能性能指标应符合表 1.9-1 的要求

表 1.9-1 胶粘剂的性能指标

试验项目	性能指标
标准状态拉伸粘结强度/MPa（与水泥砂浆）	≥0.60
标准状态拉伸粘结强度/MPa（与膨胀聚苯板）	≥0.10，破坏界面在膨胀聚苯板上

1.9.7 判定规则

经检验，全部项目符合表 1.9-1 规定的技术指标，则判定该批产品为合格品；若有一项指标不符合要求，则判定该批产品为不合格品。

1.9.8 注意事项

（1）聚苯板胶粘剂配制后，从胶料混合时计起，1.5h 后按规定成型、养护并测定与聚苯板的拉伸粘结原强度。

（2）聚苯板胶粘剂混合后也可按生产商要求的时间进行测定，生产商要求的时间不得小于 1.5h。

1.10 聚苯乙烯板抹面胶浆拉伸粘结强度的测定

1.10.1 检验批

同一厂家同一品种的产品，单位工程建筑面积在 20000m^2 以下时各抽检不少于 3 次；单位工程建筑面积在 20000m^2 以上时各抽检不少于 6 次。

1.10.2 试验标准

(1) JG 149—2003 膨胀聚苯板薄抹灰外墙外保温系统。

(2) JC/T 993—2006 外墙外保温用膨胀聚苯乙烯板抹面胶浆。

(3) GB/T 17671—1999 水泥胶砂强度检验方法（ISO 法）。

1.10.3 检测设备

(1) 10kN 微机控制电子万能试验机，精度 1 级。

(2) 试样成型框：材料为金属或硬质塑料，尺寸如图 1.9-1 所示。

(3) 抗拉用钢质上、下夹具和钢质垫板：形状及尺寸如图 1.9-2～图 1.9-4 所示。材料为 45 号钢。

1.10.4 取样方法

每批抽取 15kg。

1.10.5 检验方法

1. 试样制备

(1) 料浆制备

按生产商使用说明书要求配制抹面胶浆。抹面胶浆配制后，放置 15min 使用。抹面胶浆产品形式有两种：一种是在工厂生产的液体胶粘剂，在施工现场按使用说明书加入一定比例的水泥或由厂商提供的干粉，搅拌均匀即可；另一种是在工厂里预混合好的干粉状胶粘剂，在施工现场只需按使用说明书加入一定比例的拌和用水搅拌均匀即可使用。

(2) 试验材料

1) 尺寸如图 1.10-1 所示，胶粘剂厚度为 3.0mm，膨胀聚苯板厚度为 20mm。

2) 每组试件由 6 块水泥砂浆试块和 6 个水泥砂浆或膨胀聚苯板试块粘结而成。

3) 成型

① 水泥砂浆试板：制作方法按 GB/T 17671《水泥胶砂强度检验方法（ISO 法）》规定进行。尺寸 70mm×70mm×20mm，普通硅酸盐水泥强度等级 42.5，水泥与中砂质量比为 1∶3，水灰比为 0.5。试板应在成型后 20～24h 之间脱模，脱模后在（20±2）℃水中养护 6d，再在试验环境下空气中养护 21d，水泥砂浆试板的成型面应用砂纸磨平，备用。

② 用表观密度为 18.0kg/m³ 的、按规定经过陈化后合格的膨胀聚苯板作为

试验用标准板，切割成试验所用尺寸。

③ 按产品使用说明书制备胶粘剂后粘结试件，粘结厚度为3mm，面积为40mm×40mm。将成型框放在试板上，将配制好的抹面胶浆混合均匀后填满成型，用抹灰刀抹平表面，轻轻去除成型框，制备原强度拉伸粘结强度试件一组，粘结后在试验条件下养护。

④ 养护

试样在标准试验条件下养护13d，用高强度粘结剂将上夹具与试样抹面胶浆层粘贴在一起，在标准试验条件下继续养护1d。

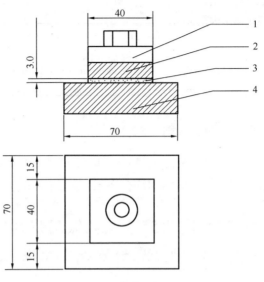

图1.10-1 试验材料

1—拉伸用钢质夹具；2—水泥砂浆块；

3—胶粘剂；4—膨胀聚苯板或砂浆块

（3）试验步骤

将拉伸专用夹具及试样安装到试验机上，进行强度测定，拉伸速度为（5±1）mm/min，加荷载至试样破坏，记录试样破坏时的荷载值。

（4）试验结果计算

拉伸粘结强度按式（1.10-1）计算。分别记录试样破坏时每个试样的荷载值及破坏截面。取4个中间值计算算术平均值，精确至0.01MPa：

$$R = \frac{F}{A} \qquad (1.10\text{-}1)$$

式中：R——试样拉伸粘结强度，单位为兆帕（MPa）；

F——试样破坏荷载值，单位为牛顿（N）；

A——粘结面积，单位为平方毫米（mm²），取$A = 1600\text{mm}^2$。

1.10.6 性能指标

抹面胶浆的节能性能指标应符合表1.10-1的要求。

表1.10-1 抹面胶浆的性能指标

试验项目	性能指标
标准状态拉伸粘结强度/MPa （与水泥砂浆）	≥0.60

试验项目	性能指标
标准状态拉伸粘结强度/MPa（与膨胀聚苯板）	≥0.10，破坏界面在膨胀聚苯板上

1.10.7 判定规则

经检验，全部项目符合表 1.10-1 规定的技术指标，则判定该批产品为合格品；若有一项指标不符合要求，则判定该批产品为不合格品。

1.11 胶粉聚苯颗粒保温浆料施工中的同条件养护试件的导热系数、干密度、抗压强度的测定

1.11.1 检验批

每个检验批次抽样不少于 3 次。

1.11.2 试验标准

（1）SZJG 31—2010 建筑节能工程施工验收规范。

（2）JG/T 158—2013 胶粉聚苯颗粒外墙外保温系统材料。

（3）GB/T 5486—2008 无机硬质绝热制品试验方法。

1.11.3 检测设备

（1）10kN 微机控制电子万能试验机，精度 1 级。试验机具有显示受压变形装置。

（2）试模：100mm×100mm×100mm 钢质有底三联试模。

（3）双试件智能化平板导热系数测定仪：冷板温度 10～50℃，热板温度室温～80℃，测试准确度≤3%。

（4）电子天平，最大称量 1200g，检定标尺分度值 $e=0.1g$，实际标尺分度值 $d=0.01g$。

（5）电热鼓风干燥箱。

（6）钢直尺：分度值为 1mm。

（7）游标卡尺：分辨率为 0.01mm。

（8）干燥器。

1.11.4　取样方法

100mm×100mm×100mm 立方体试件 6 块；300mm×300mm×30mm 平板试件 2 块。成型方法、养护时间、养护条件参照 JG/T158－2013 中 7.4 条的规定。

1.11.5　检验方法

（1）干表观密度

1）试件制备

① 将拌和好的胶粉聚苯颗粒浆料一次性注满试模并略高于其上表面，用标准捣棒均匀地由外向里按螺旋方向轻轻插捣 25 次，允许用油灰刀沿试模内壁插数次或用橡皮锤轻轻敲击试模四周，最后将高出部分的胶粉聚苯颗粒浆料用抹子沿顶面刮去抹平。用 4 个三联试模成型 12 块试件。

② 试件制作好后立即用聚乙烯薄膜封闭试膜，在标准试验条件下养护 5d 后拆膜，然后在标准试验条件下继续用聚乙烯薄膜封闭试件 2d。去除聚乙烯薄膜后，再在标准试验条件下养护 21d。

③ 养护结束后将试件在 （65±2）℃温度下烘至恒质，放入干燥器中备用。恒质的判据为恒温 3h 两次称量试件的质量变化率应小于 0.2%。

2）试验步骤

① 从制备好的试件中取出 6 块试件置于干燥箱内，缓慢升温至 （110±5)℃，烘干至恒定质量，然后移至干燥器中冷却至室温。恒质的判据为恒温 3h 两次称量试件的质量变化率应小于 0.2%。

② 称量试件自然状态下的质量 G，保留 5 位有效数字。

③ 在试件正面和侧面上距两边 20mm 处，用钢直尺测量长宽高度，精确至 1mm。测量结果为 6 个测量值的算术平均值，并计算试件的体积 V。

3）试验结果计算

试件的干密度按式 （1.11-1）计算，精确至 $1kg/m^3$：

$$\rho = \frac{G}{V} \tag{1.11-1}$$

式中：ρ——试件的干密度，单位为千克每立方米 （kg/m^3）；

　　　G——试件烘干后的质量，单位为千克 （kg）；

　　　V——试件的体积，单位为立方米 （m^3）。

试验结果取 6 块试件检测值的算术平均值。

（2）抗压强度

1）用检验干密度后的 6 块试件。在试件上、下两受压面距棱边 10mm 处用钢直尺（尺寸小于 100mm 时用游标卡尺）测量长度和宽度，在厚度的两个对立面的中部用钢直尺测量试件的厚度。长度和宽度测量结果分别为四个测量值的算术平均值，精确至 1mm（尺寸小于 100mm 时精确至 0.5mm），厚度测量结果分别为两个测量值的算术平均值，精确至 1mm。

2）将试件置于试验机的承压板上，使试验机承压板的中心与试件中心重合。开动试验机，当上压板与试件接近时，调整球座，使试件受压面与承压板均匀接触。

3）以（10±1）mm/min 的速度对试件加荷，直至试件破坏，同时记录压缩变形值。当试件在压缩变形 5% 时没有破坏，则试件压缩变形 5% 时的荷载为破坏荷载。记录破坏荷载 P，精确至 10N。

4）试验结果计算

每个试件的抗压强度按式（1.11-2）计算，精确至 0.01MPa：

$$\sigma = \frac{P}{S} \qquad (1.11\text{-}2)$$

式中：σ——试件的抗压强度，单位为兆帕（MPa）；

P——试件的破坏荷载，单位为牛顿（N）；

S——试件的受压面积，单位为平方毫米（mm²）。

制品的抗压强度为 6 块试件抗压强度的算术平均值，精确至 0.01MPa。

（3）导热系数

1）试件制备

① 将 3 个空腔尺寸为 300mm×300mm×30mm 的金属试模分别放在玻璃板上，用脱模剂涂刷试模内壁及玻璃板，向试模内注满胶粉聚苯颗粒浆料并略高于试模的上表面，用捣棒均匀地由外向里按螺旋方向插捣 25 次。为防止浆料留下孔隙，用油灰刀沿模壁插数次，然后将高出的浆料沿试模顶面削去，用抹子抹平。须按相同的方法同时成型 3 块试件。

② 试件制作好后立即用聚乙烯薄膜封闭试膜，在标准试验条件下养护 5d 后拆膜，然后在标准试验条件下继续用聚乙烯薄膜封闭试件 2d。去除聚乙烯薄膜后，再在标准试验条件下养护 21d。

③ 养护结束后将试件在（65±2）℃温度下烘至恒质，放入干燥器中备用。恒质的判据为恒温 3h 两次称量试件的质量变化率应小于 0.2%。

2）试验步骤

① 任选两块试件，其表面不平整度应小于厚度的 ±2%。对每个试件相对两个侧面，距端面 20mm 处和中间位置用游标卡尺测量试件的厚度，精确至 0.5mm。测量结果为 6 个测量值的算术平均值，最后将两试件的厚度再平均得出试件厚度 d。

② 按需要及要求在导热仪操作系统界面填写运行参数设置：

试件面积（计量面积）：0.021m²；

试件厚度（m）：根据所检测试件的厚度填写；

计量板温度（℃）与防护板温度（℃）相同：25.0℃；

左冷板温度（℃）与右冷板温度（℃）相同：15.0℃。

③ 将被测试件垂直放置在智能导热仪两个相互平行具有恒定温度的平板中，自动开启夹紧装置，左气缸与左气缸同时将左侧板与右侧板压紧，施加的压力不大于 2.5kPa，关闭前门旋转锁紧手柄，将前门压紧，再点击上气缸自动将上盖落下，试件装夹完毕。

④ 开启操作系统的自动检测程序，即自动进行调控温度及采集计算。通过温控曲线可在运行过程中观察温度的变化趋势。试验进入稳态后，4 小时左右即可结束试验。

3）试验结果计算

操作系统进入稳态后每半小时采集一组数据，最后根据稳态数据的平均值按式（1.11-3）计算导热系数：

$$\lambda = \frac{\Phi \cdot d}{A(T_1 - T_2)} \qquad (1.11\text{-}3)$$

式中：λ——试件导热系数，单位为瓦每米开尔文［W/（m·K）］；

　　　Φ——加热单元计量部分的平均加热功率，单位为瓦（W）；

　　　T_1——试件热面温度平均值，单位为开（K）；

　　　T_2——试件冷面温度平均值，单位为开（K）；

　　　A——计量面积，单位为平方米（m²）；

　　　d——试件平均厚度，单位为米（m）。

胶粉聚苯颗粒浆料导热系数计算结果精确至 0.01W/（m·K）。

1.11.6　性能指标

胶粉聚苯颗粒浆料的性能指标应符合表 1.11-1 的规定。

表 1.11-1　胶粉聚苯颗粒浆料的性能指标

项　目	单　位	性能指标
干密度	kg/m³	180～250
抗压强度	MPa	≥0.20
导热系数	W/（m·K）	≤0.06

1.11.7　判定规则

当全部检验项目均符合要求时，则判为合格。当所检项目中有一项指标不符合要求时，应对同一批产品进行加倍抽样复检不合格项，若该项指标符合要求，则判定该批产品合格；若该项指标仍不符合要求，则判定该批产品不合格。

1.12 界面砂浆标准状态拉伸粘结强度的测定

1.12.1 检验批

墙体节能工程中，当单位工程建筑面积在 20000m² 以下时各抽查不少于 3 次，当单位工程建筑面积在 20000m² 以上时各抽查不少于 6 次。

1.12.2 试验标准

（1）JG/T 158—2013 胶粉聚苯颗粒外墙外保温系统材料。
（2）JGJ 253—2011 无机轻集料砂浆保温系统技术规程。
（3）JGJ/T 70—2009 建筑砂浆基本性能试验方法。
（4）GB 50411—2007 建筑节能工程施工质量验收规范。

1.12.3 检测设备

（1）20kN 电子万能试验机：相对示值误差小于 1%。
（2）数显游标卡尺：分度值为 0.01mm。
（3）拉伸专用夹具。

1.12.4 检测方法

1. 胶粉聚苯颗粒外墙外保温系统界面砂浆粘结强度
（1）试验条件
标准试验环境温度为（23±2）℃，相对湿度 45%～75%。
（2）试验用砂浆试件
应采用符合 GB175 要求的强度等级不低于 42.5 级的普通硅酸盐水泥和符合 GB/T17671 要求的 ISO 标准砂。水泥、砂和水按质量比 1：2.5：0.5 的比例，采用人工振动方式成型 40mm×40mm×10mm 和 70mm×70mm×20mm 两种尺寸的水泥砂浆试件。砂浆试件成型之后在标准试验条件下放置 24h 后拆模，浸入（23±2）℃的水中 6d，然后取出在标准试验条件下放置 21d 以上。
（3）试件的制备
在 70mm×70mm×20mm 的砂浆试件和 40mm×40mm×10mm 的砂浆试件上各均匀地涂一层拌和好的界面砂浆，涂覆厚度 1mm，然后两者对放，轻轻按压，刮去边上多余的界面砂浆。将对放好的试件水平放置，在试件上加上质量为

（1.6±15）g 的砝码，保持 30s。与聚苯板的拉伸粘结强度制备试件时，将 40mm×40mm×10mm 的砂浆块替换为 40mm×40mm×20mm 的 18kg/m³ 的 EPS 板或 40mm×40mm×20mm 28kg/m³ 的 XPS 板试块，粘胶后不应在试件上加荷载。每种拉伸粘结强度各准备不少于 10 个，按上述方法制备的试件。

（4）养护方式

在到达规定的养护龄期 24h 前，用适宜的高强度胶粘剂（如环氧类胶粘剂）将拉拔接头粘贴在 40mm×40mm×10mm 的砂浆试件上。24h 后测定拉伸粘结强度。

（5）试验步骤

将试件放入试验机的夹具中，以 5mm/min 的速度施加拉力，测定拉伸粘结强度。图 1.12-1 为试件与夹具装配的示意图。

夹具与试验机的连接宜采用球铰万向连接。试验时如砂浆试件发生破坏，且数据在该组试件平均值的±20% 以内，则认为该数据有效。

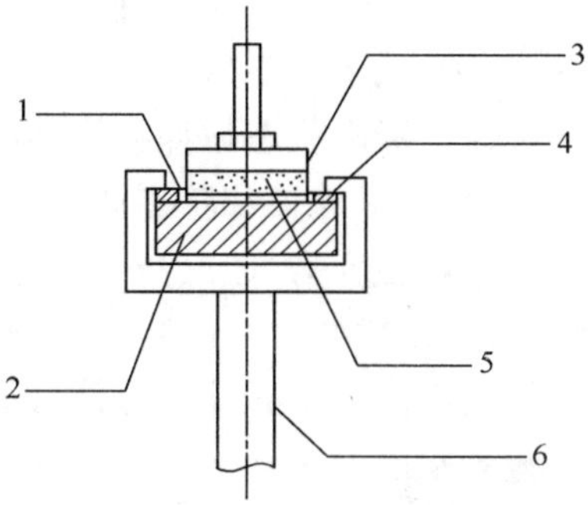

图 1.12-1　试件与夹具装配的示意图
1—界面剂；2—70mm×70mm×20mm 的砂浆试件；3—拉拔接头；4—垫块；5—40mm×40mm×10mm 的砂浆试件；6—拉伸试验夹具

（6）结果计算

拉伸粘结强度按式（1.12-1）计算：

$$\sigma = \frac{F_1}{A_1} \tag{1.12-1}$$

式中：σ——拉伸粘结强度，单位为兆帕（MPa）；

F_1——最大荷载，单位为牛（N）；

A_1——粘结面积，单位为平方毫米（mm²）。

单个试件的拉伸粘结强度精确至 0.01MPa。如单个试件的强度值与平均值之差大于 20%，则逐次剔除偏差最大的试验值，直至各试验值与平均值之差不超过 20%。如剩余数据不少于 5 个，则结果以剩余数据的平均值表示，精确至 0.1MPa；如剩余数据少于 5 个，则本次试验结果无效，应重新制备试件进行试验。

2. 无机轻集料保温砂浆及系统界面砂浆粘结强度

（1）基础水泥砂浆块的制备

1）原材料：水泥应采用符合现行国家标准 GB 175《通用硅酸盐水泥》规定的 42.5 级水泥；砂应符合现行行业标准 JGJ 52《普通混凝土用砂、石质量及检验方法标准》规定的中砂；水应符合现行行业标准 JGJ 63《混凝土用水标准》规定的用水。

2）配合比：水泥：砂：水＝1：3：0.5（质量比）。

3）成型：将制成的水泥砂浆倒入 40mm×40mm×20mm 的聚氯乙烯或金属模具中，振动成型或用抹灰刀均匀插捣 15 次，人工颠实 5 次，转 90°，再颠实 5 次，然后用刮刀以 45°方向抹平砂浆表面；试模内壁事先涂刷水性隔离剂，待干、备用。

4）应在成型 24h 后脱模，并放入（20±2）℃水中养护 6d，再在试验条件下放置 21d 以上，备用。

（2）标准状态拉伸粘结强度

1）试样养护和状态调节

环境温度为（23±2）℃，相对湿度 55%～85%。

2）试样要求

试样由水泥砂浆和界面砂浆组成，每组 10 个试样。界面砂浆厚度 6.0mm，水泥砂浆试件厚度为 20mm。

3）制备

① 将制备好的水泥砂浆块在水中浸泡 24h，并提前 5min～10min 取出，用湿布擦拭其表面。

② 将型框置于水泥砂浆成型面上，用搅拌好的界面砂浆填满型框，用灰刀均匀插捣 15 次，人工颠实 5 次，转 90°，再颠实 5 次，然后用刮刀以 45°方向抹平砂浆表面。24h 脱模，在温度为（23±2）℃、相对湿度 55%～85%的环境中养护至规定龄期。

4）养护方式

标准状态拉伸粘结强度（一组 10 个试样）：先将试件在标准试验条件下养护 13d，再用双组分环氧树脂或其他高强度胶粘剂粘结上钢质上夹具，除去周围溢出的胶粘剂，继续养护 24h。

5）试验

养护期满后进行拉伸粘结强度测定，以（5±1）mm/min 的拉伸速度加荷至试件破坏。当破坏形式为拉伸夹具或胶粘剂破坏时，试验结果无效。

6）结果

① 以 10 个试件测值的算术平均值作为拉伸粘结强度的试验结果。

② 当单个试件的强度值与平均值之差大于 20%，则逐次剔除偏差最大的试验值，直至各试验值与平均值之差不超过 20%。当 10 个试件中数据不少于 6 个时，取有效数据的平均值作为试验结果，精确至 0.01MPa。

③ 当 10 个试件中有效数据不足 6 个时，应重新制备试样进行试验。

1.12.5 结果评定

界面砂浆的性能指标见表 1.12-1。

表 1.12-1　界面砂浆的性能指标

胶粉聚苯颗粒外墙外保温系统				
项目		单位	性能指标		
			基层界面砂浆	EPS 板界面砂浆	XPS 板界面砂浆
拉伸粘结强度（与水泥砂浆）	标准状态	MPa	≥0.5		
	浸水处理		≥0.3		
拉伸粘结强度（与聚苯板）	标准状态	MPa	—	—	—
	浸水处理		—	≥0.10 且 EPS 板破坏	≥0.15 且 XPS 板破坏
无机轻集料砂浆保温系统					
项目		单位	性能指标		
拉伸粘结强度	标准状态	MPa	≥0.90		
	浸水处理	MPa	≥0.70		

1.13　抗裂砂浆标准状态拉伸粘结强度的测定

1.13.1　检验批

墙体节能工程中，当单位工程建筑面积在 20000m² 以下时各抽查不少于 3 次，当单位工程建筑面积在 20000m² 以上时各抽查不少于 6 次。

1.13.2　试验标准

（1）JG/T 158—2013　胶粉聚苯颗粒外墙外保温系统材料。

（2）JGJ 253—2011　无机轻集料砂浆保温系统技术规程。

（3）JGJ/T 70—2009　建筑砂浆基本性能试验方法。

（4）GB 50411—2007　建筑节能工程施工质量验收规范。

1.13.3　检测设备

（1）20kN 电子万能试验机：相对示值误差小于 1%。

（2）数显游标卡尺：分度值为 0.01mm。

（3）拉伸专用夹具。

1.13.4　检测方法

1. 基底水泥砂浆块的制备

（1）原材料：水泥应采用符合现行国家标准 GB 175《通用硅酸盐水泥》规定的 42.5 级水泥；砂应符合现行行业标准 JGJ 52《普通混凝土用砂、石质量及

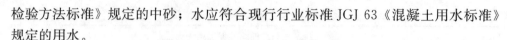

检验方法标准》规定的中砂；水应符合现行行业标准 JGJ 63《混凝土用水标准》规定的用水。

2）配合比：水泥：砂：水＝1：3：0.5（质量比）。

3）成型：将制成的水泥砂浆倒入 40mm×40mm×20mm 的聚氯乙烯或金属模具中，振动成型或用抹灰刀均匀插捣 15 次，人工颠实 5 次，转 90°，再颠实 5 次，然后用刮刀以 45°方向抹平砂浆表面；试模内壁事先涂刷水性隔离剂，待干、备用。

4）应在成型 24h 后脱模，并放入（20±2）℃水中养护 6d，再在试验条件下放置 21d 以上，备用。

2. 胶粉聚苯颗粒保温系统标准状态拉伸粘结强度

（1）试样养护和状态调节

环境温度为（23±2）℃，相对湿度 45%～75%。

（2）试样制备

应按使用说明书规定的比例和方法配制抗裂砂浆；将抗裂砂浆按规定的试件尺寸涂抹在水泥砂浆试块（厚度不宜小于 20mm）或胶粉聚苯颗粒浆料试块（厚度不宜小于 40mm）基材上，涂抹厚度为 3mm～5mm。试件尺寸为 40mm×40mm 或 50mm×50mm，试件数量各 6 个。试件制好后立即用聚乙烯薄膜封闭，在标准试验条件下养护 7d。去除聚乙烯薄膜，在标准试验条件下继续养护 21d。

（3）试验步骤

将相应尺寸的金属块用高强度树脂胶粘剂粘结在试件上，树脂胶粘剂固化后将试件按标准状态（无附加条件）进行试验。

将试件安装到适宜的拉力试验机上，进行拉伸粘结强度测定，以（5±1）mm/min 的拉伸速度加荷至试件破坏，记录每个试件破坏时的拉力值。如金属块与胶粘剂脱开，测试值无效。

（4）结果计算

拉伸粘结强度按式（1.13-1）计算：

$$\sigma = \frac{F_1}{A_1} \tag{1.13-1}$$

式中：σ——拉伸粘结强度，单位为兆帕（MPa）；

F_1——最大荷载，单位为牛（N）；

A_1——粘结面积，单位为平方毫米（mm²）。

从 6 个试验数据中取 4 个中间值的算术平均值作为拉伸粘结强度结果，精确至 0.1MPa。

3. 无机轻集料砂浆保温系统标准状态拉伸粘结强度

（1）试样养护和状态调节

环境温度为（23±2)℃，相对湿度 55％～85％。

（2）试样要求

试样由水泥砂浆和界面砂浆组成，每组 10 个试样。界面砂浆厚度 6.0mm，水泥砂浆试件厚度为 20mm。

（3）制备

1）将制备好的水泥砂浆块在水中浸泡 24h，并提前 5min～10min 取出，用湿布擦拭其表面。

2）将型框置于水泥砂浆成型面上，用搅拌好的界面砂浆填满型框，用灰刀均匀插捣 15 次，人工颠实 5 次，转 90°，再颠实 5 次，然后用刮刀以 45°方向抹平砂浆表面。24h 脱模，在温度为（23±2)℃、相对湿度 55％～85％的环境中养护至规定龄期。

（4）养护方式

标准状态拉伸粘结强度（一组 10 个试样）：试样成型后，用聚乙烯薄膜覆盖，养护至 14d，去掉薄膜，继续养护至 28d。养护至 27d 时，用双组分环氧树脂或其他高强度胶粘剂粘结上钢质上夹具，放置 24h。

（5）试验

养护期满后进行拉伸粘结强度测定，以（5±1）mm/min 的拉伸速度加荷至试件破坏。当破坏形式为拉伸夹具或胶粘剂破坏时，试验结果无效。

（6）结果

1）以 10 个试件测值的算术平均值作为拉伸粘结强度的试验结果。

2）当单个试件的强度值与平均值之差大于 20％，则逐次剔除偏差最大的试验值，直至各试验值与平均值之差不超过 20％。当 10 个试件中数据不少于 6 个时，取有效数据的平均值作为试验结果，精确至 0.01MPa。

3）当 10 个试件中有效数据不足 6 个时，应重新制备试样进行试验。

1.13.5 结果评定

抗裂砂浆的性能指标，见表 1.13-1。

表 1.13-1 抗裂砂浆的性能指标

胶粉聚苯颗粒外墙外保温系统		
项 目	单 位	性能指标
拉伸粘结强度 标准状态	MPa	≥0.7
（与水泥砂浆） 浸水处理	MPa	≥0.5
拉伸粘结强度 标准状态	MPa	≥0.1
（与胶粉聚苯颗粒浆料） 浸水处理	MPa	≥0.1

续表

无机轻集料砂浆保温系统		
项　　目	单　位	指　标
标准状态拉伸粘结强度	MPa	≥0.70
浸水拉伸粘结强度	MPa	≥0.50

1.14　泡沫玻璃密度允许偏差、抗压强度、导热系数的测定

1.14.1　检验批

以同一原料、配方、同一生产工艺稳定连续生产的同一品种产品为一批。每批数量以 1500 包装箱为限，同一批被检产品的生产时限不得超过两周。

1.14.2　试验标准

（1）JC/T 947—2014　泡沫玻璃绝热制品。

（2）GB/T 5486—2008　无机硬质绝热制品试验方法。

（3）GB/T 10294—2008　绝热材料稳态热阻及有关特性的测定　防护热板法。

1.14.3　检测设备

（1）20kN 电子万能试验机：相对示值误差小于 1%。

（2）电热鼓风干燥箱。

（3）干燥器。

（4）电子天平：称量 2kg，分度值 0.1g。

（5）钢直尺：分度值为 1mm。

（6）数显游标卡尺：分度值为 0.01mm。

（7）智能平板导热系数测定仪。

1.14.4　取样方法

（1）密度允许偏差

在同一批被检产品中，随机抽取 3 块制品作为试件。试件最小尺寸不得小于 200mm×200mm×25mm。

（2）抗压强度

从外观质量检验合格的制品中选取 3 块作为抗压强度的样品，分别在每块样

品中制备长度和宽度为 200mm×200mm 的试样 2 块，试样的厚度应为制品的厚度且试样最小厚度为 50mm。

试样的数量为 6 块。若有特殊要求的，可由供需双方协商决定。

（3）导热系数

试样尺寸 300mm×300mm×（25～30）mm。表面平整度为 100mm 不超过 0.05mm。数量 2 块。

1.14.5　检验方法

（1）试样制备

1）试样在试验前应放置在温度为（23±5）℃、相对湿度为 30%～70% 的环境中进行状态调节，放置时间不少于 24h。

2）以供货形态制备试样，如果管壳或弧形板由于其形状不适宜制备物理性能用试样时，可用同一工艺、同一配方、同一类型、同期生产的平板制品代替。

（2）密度允许偏差

1）几何尺寸的测量

① 在试件相对两个大面上距两边 20mm 处，用钢直尺分别测量试件的长度和宽度，精确至 1mm。测量结果为 4 个测量值的算术平均值。

② 在试件的两个侧面上，用游标卡尺分别测量侧面的两边及中间位置的厚度，精确至 0.5mm。测量结果为 6 个测量值的算术平均值。

③ 分别计算出 3 个试件的体积 V。

2）试件质量

在天平上分别称取 3 个试件的质量 G_0，保留 4 位有效数字。

3）结果计算

体积密度按式（1.14-1）计算：

$$\rho = \frac{G_0}{V} \times 10^6 \tag{1.14-1}$$

式中：ρ——试件的密度，单位为千克每立方米（kg/m³）；

　　　　G_0——试件的质量，单位为克（g）；

　　　　V——试件的体积，单位为立方毫米（mm³）。

试件的体积密度为 3 块试件体积密度的算术平均值。精确至 1kg/m³。

（3）抗压强度

1）试样制备

将状态调节好的试样取出，试样两受压面涂刷乳化沥青或熔化的石油沥青。

具体方法如下：用刮刀将乳化沥青或熔化的石油沥青涂刮到试样受压面，使受压面表面微孔全部填满。每个受压面的涂布量为（1.0±0.25）kg/m²。然后立即将预先裁制好的与试样受压面尺寸相同的石油沥青浸渍纸或者轻质牛皮纸覆盖在试样的受压面上。随后将试样放置在温度为（23±5）℃、相对湿度为（50±5）％的恒温恒湿室，放置时间至少为24h，使沥青在试验前硬化。

2）试验步骤

① 在试样两受压面距棱边 10mm 处用钢直尺测量试样的长度和宽度，精确至 1mm；用游标卡尺测量试样两相对面的厚度，精确至 0.05mm。长度和宽度的测量结果分别为四个测量值的算术平均值，厚度的测量结果分别为两个测量值的算术平均值。

② 将试样放置在试验机的压板上，使试样的中心与试验机压板的中心相重合。

③ 开动试验机，当上压板与试样相接近时，调整球座，使试样受压面与压板均匀接触。

④ 采用 0.1dmm/min（d 为试样的厚度）的速度对试样施加荷载至试样破坏，或者在 30s 至 90s 时间内对试件施加荷载直至破坏。记录试件破坏时或有明显屈服点时的荷载，精确至 1％。

3）结果计算

每个试样的抗压强度按式（1.14-2）计算，精确至 0.01MPa：

$$\sigma = \frac{F}{A} \qquad (1.14-2)$$

式中：σ——试样的抗压强度，单位为兆帕（MPa）；

F——试样破坏时或有明显屈服点时的荷载，单位为牛顿（N）；

A——试样的受压面积，单位为平方毫米（mm²）。

制品的抗压强度为 6 个试样抗压强度的算术平均值，精确至 0.01MPa。若单块试样的抗压强度值偏离超过制品抗压强度算术平均值的 20％及以上，则该数据无效，应重新制备试样进行试验。

（4）导热系数

1）试件测量

① 用钢直尺分别测量试件两对面距棱边 10mm 处的长度和宽度，精确至 1mm，测量结果为 4 个测量值的算术平均值。在制品的两个侧面上，用游标卡尺分别测量侧面的两边及中间位置的厚度，精确至 0.5mm，测量结果为 6 个测量值的算术平均值。

② 用钢直尺在制品的任一大面上测量两条对角线的长度，并计算出两条对角线之差。然后在另一大面上重复上述测量，精确至 1mm。取两个对角线差的较大值为测量结果。

③ 不平整度测量：工作表面的不平整度用四棱尺或金属直尺检查，将尺的

棱线紧靠被测表面，在尺的背面用光线照射棱线进行观察，可容易地观测小到 $25\mu m$ 的偏离，大的偏离可用塞尺或薄纸测定。

2）试验步骤

① 测试前的状态调节：试件在试验前应暴露在室内自然存放 1d。为了减少试验时间，试件可在放入装置前调节到试验平均温度。

② 热流量的测定：测量施加于计量部位的平均电功率，准确度不低于 0.2%。建议使用直流电。用直流电时，通常使用有电压和电流的四线制电位差计测定。

③ 冷面控制：当使用双试件装置时，调节冷却单元或冷面加热器使两个试件的温差的差异不大于 2%。

④ 温差检测：用已证明有足够精密度和准确度，满足以下方法来测定加热面板和冷却面板的温度或试件表面温度和计量到防护的温度平衡。

表面的平整度符合面板要求的均匀平面，且热阻大于 $0.5m^2 \cdot K/W$ 的非刚性试件，温差由永久性埋设在加热和冷却单元面板内的温度传感器测量。

⑤ 过渡时间和测量间隔

由于本方法是建立在热稳定状态下的，为得到热性质的准确值，让装置和试件有充分的热平衡试验时间是关键的前提条件。

测定低热容量的良好绝缘体，并存在湿气的吸收或释放而带来潜热交换的场合，试件内部温度达到热平衡可能要很长时间。

达到平衡所需的时间能从几分钟变化到几天，它与装置、试件及它们的交互作用有关。

估计这个时间时，必须充分考虑下列各项因素：

a. 冷却单元、加热单元的计量部分、加热单元的防护部分的热容量及控制系统；

b. 装置的绝热；

c. 试件的热扩散系数、水蒸汽渗透率和厚度；

d. 试验过程中的试验温度和环境；

e. 试验开始时试件的温度和含湿量。

总之，控制系统能减少达到热平衡所需要的时间，但是对减少含湿量平衡时间的作用很小。

在不能较精确地估计过渡时间或者没有在同一装置里、在同样测定条件下测定类似试件时，可按式（1.14-3）计算时间间隔 Δt：

$$\Delta t = (\rho_p \cdot c_p \cdot d_p + \rho_s \cdot c_s \cdot d_s) \cdot R \qquad (1.14\text{-}3)$$

式中：Δt——时间间隔，单位为秒（s）；

ρ_p，ρ_s——加热单元面板材料和试件的密度，单位为千克每立方米（kg/m³）；

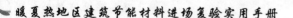

c_p，cs——加热单元面板材料和试件的比热容，单位为焦每千克开尔文
[J/（kg·K）]；

d_p，d_s——加热单元面板材料和试件的厚度，单位为米（m）；

R——试件的热阻，单位为平方米开尔文每瓦（m²·K/W）。

以等于或大于 Δt 的时间间隔（一般取 30min）按有关规定读取数据，持续到连续四组读数给出的热阻值的差别不超过 1%，并且不是朝着一个方向变化时。按照稳定状态开始的原理，读取数据至少持续 24h。

当加热单元的温度为自动控制时，记录温差和（或）施加在计量加热器上的电压或电流有助于检查是否达到稳态条件。

3）对于使用智能化导热系数测定仪测定导热系数时的具体试验步骤：按照仪器使用说明书进行操作。

1.14.6 性能指标

建筑用泡沫玻璃节能的性能指标见表 1.14-1。

表 1.14-1　建筑用泡沫玻璃节能的性能指标

项目	性能指标			
	Ⅰ	Ⅱ	Ⅲ	Ⅳ
密度允许偏差/%	±5			
导热系数［平均温度（25±2）℃］/［W/（m·K）］	≤0.045	≤0.058	≤0.062	≤0.068
抗压强度/MPa	≥0.40	≥0.50	≥0.60	≥0.80

1.14.7 判定规则

（1）尺寸、外观质量和密度采用 GB/T 2828.1—2012《计数抽样检验程序第 1 部分：按接收质量限（AQL）检索的逐批检验抽样计划》中的二次抽样方案进行判定。一项性能不符合技术要求，记一个缺陷。接收质量限（AQL）为 15，其判定规则见表 1.14-2。

表 1.14-2　抽样方案及计数检查的判定规则

批量大小	样本大小		第一样本		总样本	
件数	第一样本	总样本	Ac	Re	Ac	Re
≤150	5	10	1	3	4	5
151～280	8	16	2	5	6	7

批量大小	样本大小		第一样本		总样本	
281~500	13	26	3	6	9	10
501~1200	20	40	5	9	12	13
1201~3200	32	64	7	11	18	19
注：Ac——接收数，Re——拒收数。						

根据样本的检查结果，若在第一样本中相关性能的缺陷数小于或等于表 1.14-2 中第一样本接收数 Ac，则判该批的计数检查可接收；若在第一样本中的缺陷数大于或等于表 1.14-2 中第一样本拒收数 Re，则判该批不合格。

若在第一样本中相关性能的缺陷数在第一样本接收数 Ac 和拒收数 Re 之间，则样本数应增至总样本数，并以总样本的检查结果进行判定。

若总样本中的缺陷数小于或等于表 1.14-2 中总样本接收数 Ac，则判该批的计数检查可接收；若总样本中的缺陷数大于或等于表 1.14-2 中总样本拒收数 Re，则判该批不合格。

（2）导热系数、抗压强度性能，按测定结果的平均值进行单项判定，全部性能符合表 1.14-1 的相关要求，判为合格。若有两项性能不符合相关要求，则判为不合格。若有一项不符合表 1.14-1 的相关要求，则对该不符合项加倍复检，若该性能加倍复检后符合表 1.14-1 的相关要求，则判为合格；若该性能加倍复检后仍不符合表 1.14-1 的相关要求，则判为不合格。

1.15　膨胀珍珠岩绝热制品密度、抗压强度、导热系数的测定

1.15.1　检验批

以相同原材料、相同工艺制成的膨胀珍珠岩绝热制品按形状、品种、尺寸分批验收，每 10000 块为一检查批量，不足 10000 块也视为一批。

1.15.2　试验标准

（1）GB/T 10303—2015　膨胀珍珠岩绝热制品。

（2）GB/T 5486—2008　无机硬质绝热制品试验方法。

（3）GB/T 8170　数值修约规则与极限数值的表示和判定。

（4）GB/T 10294—2008　绝热材料稳态热阻及有关特性的测定　防护热板法。

1.15.3 检测设备

（1）10kN 电子万能试验机：相对示值误差小于 1％。

（2）电热鼓风干燥箱。

（3）干燥器。

（4）电子天平：称量 2kg，分度值 0.1g。

（5）钢直尺：分度值为 1mm。

（6）数显游标卡尺：分度值为 0.01mm。

（7）智能平板导热系数测定仪。

1.15.4 取样方法

100mm×100mm×100mm 立方体试件 7 块；300mm×300mm×30mm 平板试件 2 块，表面平整度为 100mm 不超过 0.05mm。

1.15.5 检验方法

（1）密度

1）试验步骤

① 从制备好的试件中取出 3 块试件置于干燥箱内，缓慢升温至（110±5)℃，烘干至恒定质量，然后移至干燥器中冷却至室温。恒质的判据为恒温 3h 两次称量试件的质量变化率应小于 0.2％。

② 称量试件自然状态下的质量 G，保留 5 位有效数字。

③ 在试件正面和侧面上距两边 20mm 处，用钢直尺测量长宽高度，精确至 1mm。测量结果为 3 个测量值的算术平均值，并计算试件的体积 V。

2）试验结果计算

试件的密度按式（1.15-1）计算，精确至 1kg/m³：

$$\rho = \frac{G}{V} \qquad (1.13\text{-}1)$$

式中：ρ——试件的密度，单位为千克每立方米（kg/m³）；

　　　G——试件烘干后的质量，单位为千克（kg）；

　　　V——试件的体积，单位为立方米（m³）。

试验结果取 3 块试件检测值的算术平均值。

（2）抗压强度

1）试验步骤

① 随机抽取 4 块样品，将试件置于干燥箱内，缓慢升温至（110±5)℃，烘

干至恒定质量，然后移至干燥器中冷却至室温。恒质的判据为恒温 3h 两次称量试件的质量变化率应小于 0.2%。

② 在试件上、下两受压面距棱边 10mm 处用钢直尺（尺寸小于 100mm 时用游标卡尺）测量长度和宽度，在厚度的两个对立面的中部用钢直尺测量试件的厚度。长度和宽度测量结果分别为四个测量值的算术平均值，精确至 1mm（尺寸小于 100mm 时精确至 0.5mm），厚度测量结果分别为两个测量值的算术平均值，精确至 1mm。

③ 将试件置于试验机的承压板上，使试验机承压板的中心与试件中心重合。

④ 开动试验机，当上压板与试件接近时，调整球座，使试件受压面与承压板均匀接触。

⑤ 以（10±1）mm/min 的速度对试件加荷，直至试件破坏，同时记录压缩变形值。若试件在压缩变形 5% 时没有破坏，则试件压缩变形 5% 时的荷载为破坏荷载。记录破坏荷载 P，精确至 10N。

2）试验结果计算

每个试件的抗压强度按式（1.15-2）计算，精确至 0.01MPa：

$$\sigma = \frac{P}{S} \tag{1.15-2}$$

式中：σ——试件的抗压强度，单位为兆帕（MPa）；

P——试件的破坏荷载，单位为牛顿（N）；

S——试件的受压面积，单位为平方毫米（mm²）。

制品的抗压强度为 4 块试件抗压强度的算术平均值，精确至 0.01MPa。

（3）导热系数

1）试验步骤

① 任选两块试件，其表面不平整度应小于厚度的 ±2%。对每个试件相对两个侧面，距端面 20mm 处和中间位置用游标卡尺测量试件的厚度，精确至 0.5mm。测量结果为 6 个测量值的算术平均值。最后将两试件的厚度再平均得出试件厚度 d。

② 按需要及要求在导热仪操作系统界面填写运行参数设置：

——试件面积（计量面积）：0.021m²；

——试件厚度（m）：根据所检测试件的厚度填写；

——计量板温度（℃）与防护板温度（℃）相同：25.0℃；

——左冷板温度（℃）与右冷板温度（℃）相同：15.0℃。

③ 将被测试件垂直放置在智能导热仪两个相互平行具有恒定温度的平板中，自动开启夹紧装置，左气缸与左气缸同时将左侧板与右侧板压紧，施加的压力不

大于2.5kPa，关闭前门旋转锁紧手柄，将前门压紧，再点击上气缸自动将上盖落下，试件装夹完毕。

④ 开启操作系统的自动检测程序，即自动进行调控温度及采集计算。通过温控曲线可在运行过程中观察温度的变化趋势。试验进入稳态后，4h左右即可结束试验。

2）试验结果计算

操作系统进入稳态后每半小时采集一组数据，最后根据稳态数据的平均值按式（1.15-3）计算导热系数：

$$\lambda = \frac{\Phi \cdot d}{A(T_1 - T_2)} \tag{1.15-3}$$

式中：λ——试件导热系数，单位为瓦每米开尔文［W/（m·K）］；

Φ——加热单元计量部分的平均加热功率，单位为瓦（W）；

T_1——试件热面温度平均值，单位为开（K）；

T_2——试件冷面温度平均值，单位为开（K）；

A——计量面积，单位为平方米（m²）；

d——试件平均厚度，单位为米（m）。

膨胀珍珠岩绝热制品的导热系数计算结果精确至0.01W/（m·K）。

1.15.6 性能指标

膨胀珍珠岩绝热制品节能的性能指标见表1.15-1

表 1.15-1　膨胀珍珠岩绝热制品节能的性能指标

项　　目	性能指标	
	200 号	250 号
密度（kg/m³）	≤200	≤250
导热系数[平均温度(25±2)℃]/［W/(m·K)］	≤0.065	≤0.070
抗压强度/MPa	≥0.35	≥0.45

1.15.7 判定规则

（1）采用GB/T 8170中的修约值比较法进行判定。

（2）当所有检验项目的检验结果均符合表1.15-1的要求时，则判该批产品合格；否则判该批产品不合格。

1.16　建筑用金属面绝热夹芯板传热系数、剥离性能、抗弯承载力的测定

1.16.1　检验批

以同一原材料、同一生产工艺、同一厚度、稳定连续生产的产品为一个检验批。

1.16.2　试验标准

（1）GB/T 23932—2009 建筑用金属面绝热夹芯板。

（2）GB/T 13475—2008　绝热　稳态传热性质的测定　标定和防护热箱法。

1.16.3 检测设备

（1）建筑墙体稳态热传递性能试验机，主要技术指标如下：

1）防护箱温度控制范围：15～50℃，连续可调，控制精度：±0.1℃。

2）冷箱温度控制范围：−10～−20℃，控制精度：±0.2℃。

3）测温传感器类型：美国 DALLAS 数字温度传感器，103 支；测量温度范围：−30～85℃；测温分辩率：0.0625℃。

4）加热电功率测量范围：0～200W；精度：0.2 级。

5）冷箱制冷功率：1.5kW。

6）仪器的测量精度：≤5%，重复度：≤1%。

（2）百分表：显示精度 0.01mm。

（3）钢直尺：分度值为 1mm。

1.16.4　取样方法

（1）传热系数：切取 1200mm×1200mm×原板厚试件一块。

（2）剥离性能：沿板材长度方向取三块试件，试件尺寸为：200mm×原板宽×原板厚。

（3）抗弯承载力：取长度 3700mm，原宽度、厚度试件三块。试件应在试验室放置 24h 后进行试验。若夹芯板厚度不同，则应抽取同一类型中最小厚度的板材进行试验。

1.16.5　检验方法

（1）传热系数

1）试验准备与试件封装

① 将试件与试件框的四周连接处接缝用保温发泡剂填充，保证密封。

② 检查并调整冷箱与计量热箱内部的温度传感器顶杆的长度，使两侧各九个数字式温度传感器能够通过其内部的弹簧各自压紧在试件冷侧和热侧。

③ 完成热箱、冷箱与试件框的装卡、密封工作，准备试验。

2）试验步骤

① 装置标定：通常情况下，本试验机在投入使用前必须采用已知导热系数的标准板进行标定，以后每年需要标定一次，标定出计量箱壁与鼻锥的热流系数。

② 温度传感器巡检：无论试验程序还是标定程序，系统将首先检查数字温度传感器数量以及测量情况。

③ 主流程界面与试验前参数输入：试验前必须输入试验编号（或者标定编号），系统将按照该文件名字将试验过程数据保存。

④ 选择稳定阶段判断模式：系统启动前，需要确认系统采用什么方法判断已经到达稳定，可以采集计量数据。可以选择稳定阶段判断方式：手动、稳定延后时间两种（默认为稳定延后时间）。区别说明如下：

a. 手动模式：系统启动后，人工判断系统已经达到稳定后，开始计量。每半个小时自动采集计量数据，总共采集 6 次，计算平均值，作为试验结果。也可以在调试时检验程序过程使用。

b. 延后时间模式：设定延后时间，系统一启动即开始计时，到达设定的时间后，每半个小时自动采集计量数据，总共采集 6 次，计算平均值，作为试验结果。计量完成后，自动停止外部设备运行。

⑤ 温度调节：选择好数据采集模式以后，系统将自动打开冷箱制冷机以及防护热箱制冷机，然后再分别打开冷箱、防护热箱、计量热箱加热器、循环风扇等外部设备。计算机系统每 2 秒一次采集各点温度，计算冷箱、防护热箱、计量热箱内部空气温度平均值，输出测量信号给智能调节温度仪表；智能调节温度仪表根据测量值与设定值的偏差，通过复杂的 PID 计算调节，输出 4～20mA 的工业标准信号，以控制加热器加热功率的变化，确保冷箱、防护热箱、计量热箱稳定到设定温度。如果观察到冷热箱的温度波动较大，可以通过重新给智能温度调节仪表做一遍或几遍的自整定的方法，修正调节参数，改善其调节品质。

3）功率计算：因为墙体保温性能检测计量加热功率很小（一般不超过150W），为了更精确计量加热功率，采用累计计量电能真有效值，然后除以固定的间隔时间的方法，计量加热电功率。

4）稳定判断：系统温度稳定的要求：热箱温度变化不超过−0.1～+0.1K，而冷箱温度变化不超过−0.2～+0.2K。但对于建筑外墙保温性能检测来说，单纯的温度稳定还不能开始参数采集，必须稳定一段较长时间（10h 以上），而且加热功率不是单向波动，且波动的变化不超过 0.5～3W，才可以判断达到稳定，开始数据计量采集。

5）试验实时曲线观察：在整个试验过程中，出现实时曲线界面，可以选择观察冷箱、防护热箱、计量热箱空间温度以及计量热箱电加热功率试验参数的实时曲线。

6）数据采集与试验结果计算：系统到达稳定条件后，每间隔半小时采集一次数据，一直采集并计算计量箱温差、鼻锥温差。系统将所采集并计算出的试验主要数据显示出来，操作者可以根据温度、温差、功率最稳定的一段曲线，确定起始点，录入并确认，系统将自动计算出外墙的传热系数并显示、保存。

（2）剥离性能

1）试验步骤

试验应在切取 1h 后进行试验，分别将试件的上、下表面的面材与芯材用力撕开，用钢直尺测量未粘结部分的面积，直径小于 5mm 的面积不进行测量。

2）试验结果计算

粘结面积与剥离面积的比值按式（1.16-1）计算：

$$S = \frac{F - \sum_{i=1}^{n} F_i}{F} \times 100\%$$ 　　　　　（1.16-1）

式中：S——粘结面积与剥离面积的比值（%）；

　　　F——每个剥离面的面积，单位为平方毫米（mm²）；

　　　F_i——每一块未粘结的面积，单位为平方毫米（mm²）；

$\sum_{i=1}^{n} F_i$——未粘结部分面积之和，单位为平方毫米（mm²）。

取三块试件试验结果的算术平均值为测定结果，修约至 1%。

压型板按实际粘结面积计算。

（3）抗弯承载力

1）试验步骤

① 将试件简支在两个平行支座上，一端为铰支座，另一端为滚动支座。支座中心距板端为 100mm。按图 1.16-1 安装仪表。

② 空载 2min，记录初始读数。

③ 将 0.5kN/m² 荷载分五级均布加载，每级加 0.1kN/m²，静置 10min 后记录中间的位置的位移量及支座的下沉量，一直加至 0.5kN/m²，计算此时的挠度值。

④ 超过 0.5kN/m² 荷载后，每级按 0.5kN/m² 继续加载，直至挠度达到 $L_0/200$

（屋面板），或 $L_0/150$ （墙板），记录此时的荷载，即为抗弯承载力。取三块试件的算术平均值作为测定结果，修约至 $0.01kN/m^2$。

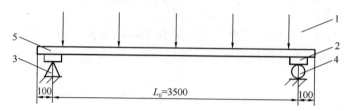

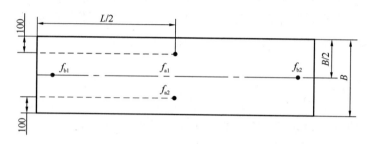

图 1.16-1　均布承载力法测定试件抗弯承载力与挠度示意图（单位 mm）

1—均布荷载；2—支座承压板（宽 100mm，厚 6～15mm 钢板）；

3—铰支座；4—滚动支座；5—试件；6—百分表 f_{a1}，f_{a2}，f_{b1}，f_{b2}

2）试验结果计算

挠度按式（1.16-2）计算：

$$\alpha = f_a - f_b \tag{1.16-2}$$

式中：α——试件的挠度，单位为毫米（mm）；

f_a——抗弯承载力试验时，试件跨中的平均位移量，$f_a = \dfrac{(f_{a1} + f_{a2})}{2}$，

单位为毫米（mm）；

f_{a1}，f_{a2}——抗弯承载力试验时，试件中间两点的位移量，单位为毫米（mm）；

f_b——抗弯承载力试验时，支座的平均下沉量，$f_b = \dfrac{(f_{b1} + f_{b2})}{2}$，单

位为毫米（mm）；

f_{b1}，f_{b2}——抗弯承载力试验时，两个支座的下沉量，单位为毫米（mm）。

1.16.6　性能指标

（1）传热系数

夹芯板传热系数指标应符合表 1.16-1 的规定。

表 1.16-1　夹芯板传热系数指标

名称		标称厚度/mm	传热系数 U/［W/（m² · K）］≤
聚苯乙烯夹芯板	EPS	50	0.68
		75	0.47
		100	0.36
		150	0.24
		200	0.18
	XPS	50	0.63
		75	0.44
		100	0.33
硬质聚氨酯夹芯板	PU	50	0.45
		75	0.30
		100	0.23
岩棉、矿渣棉夹芯板	RW/SW	50	0.85
		80	0.56
		100	0.46
		120	0.38
		150	0.31
玻璃棉夹芯板	GW	50	0.90
		80	0.59
		100	0.48
		120	0.41
		150	0.33

注：其他规格可由供需双方商定，其传热系数指标按标称厚度以内差法确定。

（2）剥离性能

粘结在金属面材上的芯材应均匀分布，并且每个剥离面的粘结面积应小于 85%。

（3）抗弯承载力

夹芯板为屋面板时，夹芯板挠度为 $L_0/200$（L_0 为 3500mm）时，均布荷载应不小于 0.5kN/m²。

夹芯板为墙板时，夹芯板挠度为 $L_0/150$（L_0 为 3500mm）时，均布荷载应不小于 0.5kN/m²。

当有下列情况之一时，应符合相关结构设计规范的规定：

1）L_0 大于 3500mm；

2）屋面坡度小于 1/20；

3）夹芯板作为承重结构件使用时。

1.16.7 判定规则

（1）试验结果均符合 1.16-1 的规定，则判该批产品节能性能合格，否则判为不合格。

（2）同一类型的板材中，抗弯承载力的试验结果适用于大于等于所测厚度的产品。

1.17 外墙、屋面外表面材料的太阳辐射吸收系数的测定

1.17.1 检验批

同一厂家、同品牌、同批号一次进货、面积不大于 5000m² 为一批，每批抽 1 组。

1.17.2 试验标准

（1）GJB 2502.1—2006 航天器热控涂层试验方法 第 1 部分：总则。

（2）GJB 2502.2—2006 航天器热控涂层试验方法 第 2 部分：太阳吸收比测试。

（3）JGJ7 5—2012 冬暖夏热地区居住建筑节能设计标准。

1.17.3 检测设备

（1）紫外可见近红外分光光度计：波长范围 200～2800nm，波长精度不低于 1.6nm。

（2）积分球：球内径不小于 60mm，内壁为高反射材料。

（3）标准白板：压制的硫酸钡或海伦（Halon）板，直径或边长为 25～85mm 的圆形或正方形，厚度一般不大于 10mm。标准白板应经计量部门鉴定合格，并在有效期内使用。

（4）计算机：具有数据采集和数据处理功能。

（5）瓷砖切割机。

1.17.4　取样方法

不定形材料如涂料，取样 2L；定形材料如面砖，取样 5 块。

1.17.5　检验方法

（1）测试条件

试验室环境应清洁、整齐，无腐蚀性气体，无强磁场和电磁波干扰；温度为15～25℃，相对湿度一般为 20%～60%，气压为试验室气压。

（2）试件制备

任取 1 块试样，利用瓷砖切割机将外墙面砖切割成 100mm×100mm 的正方形试件。

（3）试验步骤

1）测试前准备

① 接通设备电源，预热约 20min。

② 把标准白板安装在积分球试件孔处。

2）测试

① 确认仪器处于正常状态。

② 设定仪器工作参数，在仪器规定的波长范围内进行基线扫描。

③ 将试件安装在积分球试样孔处。

④ 在同波长范围内进行相对于标准白板的试样光谱反射比扫描，得出试件相对于标准白板的光谱反射比曲线。

（4）试验结果计算

应用仪器的数据处理功能对数据进行处理和修正，得到反射比的绝对值。按式（1.17-1）计算试件太阳反射比：

$$\rho_s = \frac{\sum\limits_{i=1}^{n} \rho_{\lambda i} E_s(\lambda_i)\Delta\lambda_i}{\sum\limits_{i=1}^{n} E_s(\lambda_i)\Delta\lambda_i} \tag{1.17-1}$$

式中：ρ_s——试件的太阳反射比；

　　　$\rho_{\lambda i}$——波长为 λ_i 时试件的光谱反射比；

　　$E_s(\lambda_i)$——在波长 λ_i 处太阳辐射照度的光谱密集度，单位为瓦每平方米纳米 [W/m^2·nm]；

　　　$\Delta\lambda_i$——波长间隔，$\Delta\lambda_i = (\lambda_{i+1} - \lambda_{i-1})/2$，单位为纳米（nm）；

　　　n——波长 200～2600nm 范围内测试点数目，一般应不少于 50 点。

外墙砖为不透明试件，太阳吸收比按式（1.17-2）计算：

$$\alpha_s = 1 - \rho_s \qquad\qquad (1.17\text{-}2)$$

式中：α_s——试件的太阳吸收比，精确至 0.01。

1.17.6　性能指标

参照冬暖夏热地区居住建筑节能设计标准，墙体、屋面外表面的太阳辐射吸收系数的最低限值应取 0.7。

1.17.7　判定规则

当墙体、屋面工程使用浅色节能饰面材料时，其建筑饰面材料的太阳辐射吸收系数应符合设计要求和强制性标准的规定。

1.18　反射隔热涂料的太阳反射比的测定

1.18.1　检验批

同一厂家、同品牌、同批号一次进货、面积不大于 5000m² 为一批，每批抽 1 组。

1.18.2　试验标准

（1）JC/T 1040—2007　建筑外表面用热反射隔热涂料。
（2）GJB 2502.1—2006　航天器热控涂层试验方法　第 1 部分：总则。
（3）GJB 2502.2—2006　航天器热控涂层试验方法　第 2 部分：太阳吸收比测试。

1.18.3　检测设备

（1）紫外可见近红外分光光度计：波长范围 200～2800nm，波长精度不低于 1.6nm。
（2）积分球：球内径不小于 60mm，内壁为高反射材料。
（3）标准白板：压制的硫酸钡或海伦（Halon）板，直径或边长为 25～85mm 的圆形或正方形，厚度一般不大于 10mm。标准白板应经计量部门鉴定合格，并在有效期内使用。
（4）计算机：具有数据采集和数据处理功能。
（5）线棒涂布器或刮板。

1.18.4　取样量

不少于 5kg。

1.18.5　检验方法

1. 测试条件

试验室环境应清洁、整齐，无腐蚀性气体，无强磁场和电磁波干扰；温度为 15～25℃，相对湿度一般为 20％～60％，气压为试验室气压。

2. 试件制备

将涂料在容器中充分搅拌混合均匀，用线棒涂布器或刮板分两道涂覆在 1mm 厚的铝合金板表面，涂层干膜厚度为 200～300μm，要求涂层平整，无气泡、裂纹等缺陷。涂布两道的时间间隔水性产品为 6h，溶剂性产品为 24h。养护时间 168h。最终的试件尺寸为 40mm×40mm。

3. 试验步骤

（1）测试前准备

1）接通设备电源，预热约 20min。

2）把标准白板安装在积分球试件孔处。

（2）测试

1）确认仪器处于正常状态。

2）设定仪器工作参数，在仪器规定的波长范围内进行基线扫描。

3）将试件安装在积分球试样孔处。

4）在同波长范围内进行相对于标准白板的试样光谱反射比扫描，得出试件相对于标准白板的光谱反射比曲线。

（3）试验结果计算

应用仪器的数据处理功能对数据进行处理和修正，得到反射比的绝对值。按式（1.18-1）计算试件太阳反射比：

$$\rho_s = \frac{\sum_{i=1}^{n} \rho_{\lambda_i} E_s(\lambda_i) \Delta\lambda_i}{\sum_{i=1}^{n} E_s(\lambda_i) \Delta\lambda_i} \tag{1.18-1}$$

式中：ρ_s——试件的太阳反射比，精确至 0.01；

　　　ρ_{λ_i}——波长为 λ_i 时试件的光谱反射比；

　　$E_s(\lambda_i)$——在波长 λ_i 处太阳辐射照度的光谱密集度，单位为瓦每平方米纳米 ［（W/（m² · nm）］；

　　　$\Delta\lambda_i$——波长间隔，$\Delta\lambda_i = (\lambda_{i+1} - \lambda_{i-1})/2$，单位为纳米（nm）；

n——波长 200~2600nm 范围内测试点数目，一般应不少于 50 点。

1.18.6 性能指标

建筑外表面用热反射隔热涂料节能指标应符合表 1.18-1 的技术要求。

表 1.18-1　建筑外表面用热反射热涂料节能指标

项　目	指　标	
	水性	溶剂型
太阳反射比（白色）	≥0.83	

1.18.7 判定规则

采用浅色饰面隔热时，外墙饰面材料的太阳反射比应符合设计要求和相关节能标准的规定。

第2章　幕墙及门窗工程

2.1　建筑用岩棉、矿渣棉及其制品的导热系数、密度的测定

2.1.1　检验批

以同一原料、同一生产工艺、同一品种、稳定连续生产的产品为一个检验批。同一批被检产品的生产时限不得超过一周。

2.1.2　试验标准

（1）GB/T 19686—2015　建筑用岩棉绝热制品。

（2）GB/T 5480.3—2004　矿物棉及其制品试验方法　第3部分：尺寸和密度。

（3）GB/T 10295—2008　绝热材料稳态热阻及有关特性的测定　热流计法。

2.1.3　检测设备

（1）衡器：分度值不大于被称物体质量的0.5％。

（2）针型厚度计：分度值为1mm，压板压强49Pa，压板尺寸为200mm×200mm。

（3）金属尺：分度值为1mm。

（4）JW-Ⅲ型热流计式导热仪。

2.1.4　取样方法

整幅岩棉、矿渣棉毡3件。

2.1.5　检验方法

（1）密度的测量

1）长度和宽度的测量

把试样平放在玻璃板上，用精度1mm的量具测量长度（L），测量位置在距试样两边约100mm处，测量时要求与对应的边平行，与相邻的边垂直。毡状

制品读数精确至 2mm。每块试样制品测量 2 次，以 2 次测量结果的算术平均值作为该试样的长度。

试样宽度（b）测量 3 次。测量位置在距试样两边约 100mm 及中间处，测量时要求与对应的边平行、与相邻的边垂直，以 3 次测量结果的算术平均值作为该试样的宽度。

2）厚度的测量

毡状制品的厚度测量是在经过了长度和宽度测量的试样上进行。每块试样切取尺寸为 100mm×100mm 的小样 4 块。将针型厚度计的压板轻轻平放在试样上，小心地将针插入试样。当测针与玻璃板接触 1min 后开始读数，精确至 1mm。在操作过程中应避免加外力于针型厚度计的压板上。以 4 个小样测量的算术平均值作为该试样的厚度（h）。

3）试样质量的称量

用电子天平称出试样的质量（m）。

4）制品密度的结果计算

毡状制品的密度按式（2.1-1）计算，结果取整数：

$$\rho = \frac{m \times 10^9}{L \cdot b \cdot h} \tag{2.1-1}$$

式中：ρ——试样的密度，单位为千克每立方米（kg/m³）；

m——试样的质量，单位为千克（kg）；

L——试样的长度，单位为毫米（mm）；

b——试样的宽度，单位为毫米（mm）；

h——试样的厚度，单位为毫米（mm）。

（2）导热系数的测定

1）试样要求

① 制作 300mm×300mm 试样 1 块，厚度≤50mm。对于硬质材料，试样表面不平整度应小于厚度的±2%。

② 测定可压缩试样时，在试件的四个周边垫入小截面低导热系数的支柱，以限制试样的压缩。

2）试样安装

从主体上取下有机玻璃罩和保温套，移动冷却单元，将试样紧靠热板，移动冷却单元，使试样与热、冷板接触。然后拧紧压力装置，使试样与热、冷板紧密接触。装上保温套及有机玻璃罩。

3）开启总电源开关

打开智能化仪表开关，当仪表巡检一周后，按动功能选择键，输入被检材料的厚度（d）及热板的控制温度值。

4）设定冷板温度

开启工作台前面板开关，温度显示器显示冷板水槽内的温度，调节预置旋钮设定冷板温度为 15℃，使之与热板的温差在 10～40K 之间，此时显示器显示冷板控温点温度。然后，将开关置于控温。

5）打开加热开关

开关置于自动，调节电压旋钮，初始加热时，通常可选用较高的电压，使热板温升较快。当热板温度接近设定温度时，将控制开关拨向手动按钮，用人工调节最佳电压值，使热板控制温度在 ±0.2℃ 内变化。

6）监测热电势

监测热流计输出热电势的变化，其变化值小于 ±1.5％ 时，仪器进入稳定状态。此时，每隔 15min 打印一次，连续四次读数给出的热阻值差别不超过 ±1％，并且不是单调地朝一个方向改变时，试验结束。

7）结果计算

利用观察到的 5 次稳态数据的平均值，按式（2.1-2）计算导热系数 λ。

$$\lambda = f \cdot e \cdot \frac{d}{\Delta T} \qquad (2.1\text{-}2)$$

式中：λ——试样的导热系数，单位为瓦每米开尔文[W/(m・K)]；

f——热流计的标定系数，单位为瓦每平方米伏[W/(m² ・ V)]；

e——热流计的输出，单位为伏（V）；

d——试件厚度，单位为米（m）；

ΔT——试样热面与冷面温度之差值，单位为开尔文（K）。

2.1.6　性能指标

建筑用岩棉绝热制品的节能性能指标应符合表 2.1-1 的规定。

表 2.1-1　建筑用岩棉绝热制品的节能性能指标

	板	条
导热系数(平均温度 25℃)/[W/(m・K)]	≤0.040	≤0.048
密度允许偏差/%	密度≥80kg/m³	密度＜80kg/m³
	±10	±15

2.1.7　判定规则

所有的性能应看作独立的指标，有一项指标不合格则判该产品节能性能不合格。

2.2　建筑用玻璃棉及其制品的导热系数、密度的测定

2.2.1　检验批

以同一原料、同一生产工艺、同一品种、同一规格、稳定连续生产的产品为一个检验批。同一批被检产品的生产时限不得超过一星期。

2.2.2　试验标准

(1) GB/T 17795—2008　建筑绝热用玻璃棉制品。
(2) GB/T 5480—2008　矿物棉及其制品试验方法。
(3) GB/T 10295—2008　绝热材料稳态热阻及有关特性的测定　热流计法。

2.2.3　检测设备

(1) 衡器：分度值不大于被称物体质量的 0.5％。
(2) 针型厚度计：分度值为 1mm，压板压强 49Pa，压板尺寸为 200mm×200mm。
(3) 金属尺：分度值为 1mm。
(4) JW-Ⅲ型热流计式导热仪：试样热阻应＞0.1m^2·K/W。

2.2.4　取样方法

整幅玻璃棉板、毡 3 件。

2.2.5　检验方法

(1) 密度的测量
1) 毡状、板状制品长度和宽度的测量
把试样平放在玻璃板上，用精度 1mm 的量具测量长度（L），测量位置在距试样两边约 100mm 处，测量时要求与对应的边平行、与相邻的边垂直。毡状制品读数精确至 2mm。每块试样制品测量 2 次，以 2 次测量结果的算术平均值作为该试样的长度。

试样宽度（b）测量 3 次。测量位置在距试样两边约 100mm 及中间处，测量时要求与对应的边平行、与相邻的边垂直，以 3 次测量结果的算术平均值作为该试样的宽度。

2) 厚度的测量
① 毡状制品

毡状制品的厚度测量是在经过了长度和宽度测量的试样上进行。如果试样长度大于 1m，截取试样 1m 进行厚度测量。取 4 个平均点进行测量，每个平均点按中间点和两边点，将针型厚度计的压板轻轻平放在试样上，小心地将针插入试样。当测针与玻璃板接触 1min 后开始读数，精确至 1mm。在操作过程中应避免加外力于针型厚度计的压板上。以 4 个测量点的算术平均值作为该试样的厚度（h）。

② 板状制品

板状制品的厚度测量是在经过了长度和宽度测量的试样上进行。每块试样切取尺寸为 100mm×100mm 的小样 4 块。将针型厚度计的压板轻轻平放在试样上，小心地将针插入试样。当测针与玻璃板接触 1min 后开始读数，精确至 1mm。在操作过程中应避免加外力于针型厚度计的压板上。以 4 个小样测量的算术平均值作为该试样的厚度（h）。

3）试样质量的称量

用电子天平称出试样的质量（m）。

4）制品密度的结果计算

制品的密度按式（2.2-1）计算，结果取整数：

$$\rho = \frac{m \times 10^9}{L \cdot b \cdot h} \tag{2.2-1}$$

式中：ρ——试样的密度，单位为千克每立方米（kg/m³）；

　　　m——试样的质量，单位为千克（kg）；

　　　L——试样的长度，单位为毫米（mm）；

　　　b——试样的宽度，单位为毫米（mm）；

　　　h——试样的厚度，单位为毫米（mm）。

（2）导热系数的测定

1）试样要求

① 制作 300mm×300mm 试样 1 块，厚度≤50mm。对于硬质材料，试样表面不平整度应小于厚度的±2%。

② 测定可压缩试样时，在试件的四个周边垫入小截面低导热系数的支柱，以限制试样的压缩。

2）试样安装

从主体上取下有机玻璃罩和保温套，移动冷却单元，将试样紧靠热板，移动冷却单元，使试样与热、冷板接触。然后拧紧压力装置，使试样与热、冷板紧密接触。装上保温套及有机玻璃罩。

3）开启总电源开关

打开智能化仪表开关，当仪表巡检一周后，按动功能选择键，输入被检材料的厚度（d）及热板的控制温度值。

4）设定冷板温度

开启工作台前面板开关，温度显示器显示冷板水槽内的温度，调节预置旋钮设定冷板温度为 15℃，使之与热板的温差在 10～40K 之间，此时显示器显示冷板控温点温度。然后，将开关置于控温。

5）打开加热开关

开关置于自动，调节电压旋钮，初始加热时，通常可选用较高的电压，使热板温升较快。当热板温度接近设定温度时，将控制开关拨向手动按钮，用人工调节最佳电压值，使热板控制温度在±0.2℃内变化。

6）监测热电势

监测热流计输出热电势的变化，其变化值小于±1.5％时，仪器进入稳定状态。此时，每隔 15min 打印一次，连续四次读数给出的热阻值差别不超过±1％，并且不是单调地朝一个方向改变时，试验结束。

7）结果计算

利用观察到的 5 次稳态数据的平均值按式（2.2-2）计算导热系数 λ：

$$\lambda = f \cdot e \times \frac{d}{\Delta T} \tag{2.2-2}$$

式中：λ——试件的导热系数，单位为瓦每米开尔文[W/(m·K)]；

$\quad\ f$——热流计的标定系数，单位为瓦每平方米伏 [W/(m^2·V)]；

$\quad\ e$——热流计的输出，单位为伏（V）；

$\quad\ d$——试件厚度，单位为米（m）；

$\quad\Delta T$——试件热面与冷面温度之差值，单位为开尔文（K）。

2.2.6 性能指标

建筑玻璃用玻璃棉制品节能的性能指标应符合表（2.2-1）的规定，导热系数指标按标称密度以内差法确定。

表 2.2-1 建筑绝热用玻璃棉制品节能的性能指标

产品名称	常用厚度/ mm	导热系数 [试验平均温度（25±5）℃] / [W/(m·K)] 不大于	密度 允许偏差/（kg/m³）	
毡	50 75 100	0.050	10 12	不允许负偏差

产品名称	常用厚度/ mm	导热系数 [试验平均温度（25±5)℃] / [W/ (m·K] 不大于	密度 允许偏差/ (kg/m³)	
毡	50 75 100	0.045	14 16	不允许负偏差
	25 40 50	0.043	20 24	不允许负偏差
	25 40 50	0.040	32	＋3 －2
	25 40 50	0.037	40	±4
	25 40 50	0.034	48	±4
板	25 40 50	0.043	24	±2
	25 40 50	0.040	32	＋3 －2
	25 40 50	0.037	40	±4
	25 40 50	0.034	48	±4
	25	0.033	64 80 96	±6

2.2.7 判定规则

所有的性能应看作独立的，有一项指标不合格则判该产品节能性能不合格。

2.3 幕墙、门窗玻璃（含贴膜玻璃）的可见光透射比、遮阳系数的测定

2.3.1 检验批

（1）幕墙节能工程

相同设计、材料、工艺和施工条件的幕墙工程，每 500～1000m² 应划分为一个检验批，不足 500m² 也应划分为一个检验批。

（2）门窗节能工程

同一厂家的同一品种、类型、规格的门窗玻璃，每 100 樘划分为一个检验批，不足 50 樘也为一个检验批。

2.3.2 试验标准

（1）GB/T 2680—1994 建筑玻璃 可见光透射比、太阳光直接透射比、太阳能总透射比、紫外线透射比及有关窗玻璃参数的测定。

（2）JGJ 151—2008 建筑门窗玻璃幕墙热工计算规程。

2.3.3 检测设备

（1）紫外/可见/近红外分光光度计：波长范围 175～3300nm，波长精度最高 0.08nm。

（2）傅里叶变换红外光谱仪：波长范围 7800～350cm⁻¹，分辨率优于 0.8cm⁻¹。

（3）大样品玻璃支架。

（4）用于避光操作的暗室。

（5）玻璃光学测厚仪。

2.3.4 取样方法

100mm×100mm 标准玻璃样品 3 块或者整幅玻璃 2 块。对于钢化、半钢化的低辐射镀膜玻璃，可以用以相同材料、相同镀膜工艺生产的非钢化低辐射镀膜玻璃代替。

2.3.5 检验方法

（1）试样准备

用浸有无水乙醇（或乙醚）的脱脂棉清洗试样。用测厚仪测量玻璃厚度和玻璃构件间隔层厚度。如做整幅玻璃的测试，需将试件安装在大样品玻璃支架上。

（2）测试试样的远红外反射率

1）开机：先打开傅里叶远红外光谱仪与计算机电源。启动操作界面上的检测程序。

2）确认仪器状态：将标准反射镜平放于检测口处。镜面向下，点击进入仪器监测页面，观察能量水平是否达到要求。

3）样品测试

① 扫描背景：将标准反射镜平放于检测口。点击检测系统的扫描界面。

② 扫描样品：每片玻璃分别测试室外面与室内面。将 100mm×100mm 的样品平放于检测口。在对话框输入样品编号，点击扫描样品。

③ 结果保存：点击换算界面，将数据以纳米单位输入，得出新的光谱曲线图。将曲线分别保存为固定格式。将该组玻璃的远红外反射率真数据拷贝到与分光光度计连接的计算机上，进行最后的结果验算。

（3）测试试样的紫外、可见、近红外透射率与反射率

1）开机：紫外/可见/近红外分光光度计预热 15min 后，点击操作界面上的玻璃透射或玻璃反射程序。

2）校准：将白色标准板放置于积分球反射检测口，点击归零。

3）样品测试

① 透射率检测：测试玻璃室外面的透射率。将样品放置在积分球透射检测口处，样品放置方向应使检测光线与所测检测面的入射光线一致，点击开始。

② 反射率检测：分别测试玻璃室外面与室内面的反射率。将样品放置在积分球反射检测口处，样品放置方向应使检测光线与所测检测面的入射光线一致，点击开始。

③ 结果保存：检测完成后，将检测结果保存至指定文件夹，并分别以二元图等固定格式保存。

（4）结果计算

1）单片玻璃

① 可见光透射比

单片玻璃可见光透射比 τ_v 按式（2.3-1）计算：

$$\tau_{v} = \frac{\int_{380}^{780} D_{\lambda}\tau(\lambda)V(\lambda)d\lambda}{\int_{380}^{780} D_{\lambda}V(\lambda)d\lambda} \approx \frac{\sum_{\lambda=380}^{780} D_{\lambda}\tau(\lambda)V(\lambda)\Delta\lambda}{\sum_{\lambda=380}^{780} D_{\lambda}V(\lambda)\Delta\lambda} \qquad (2.3\text{-}1)$$

式中: D_{λ} ——D65 标准光源的相对光谱功率分布;

$\tau(\lambda)$ ——玻璃透射比的光谱数据;

$V(\lambda)$ ——人眼的视见函数。

② 太阳光直接透射比

单片玻璃太阳光直接透射比 τ_s 按式 (2.3-2) 计算:

$$\tau_{s} = \frac{\int_{300}^{2500} \tau(\lambda)S_{\lambda}d\lambda}{\int_{300}^{2500} S_{\lambda}d\lambda} \approx \frac{\sum_{\lambda=300}^{2500} \tau(\lambda)S_{\lambda}\Delta\lambda}{\sum_{\lambda=380}^{780} S_{\lambda}\Delta\lambda} \qquad (2.3\text{-}2)$$

式中: $\tau(\lambda)$ ——玻璃透射比的光谱数据;

S_{λ} ——标准太阳光谱。

③ 太阳光直接反射比

单片玻璃的太阳光直接反射比 ρ_s 按式 (2.3-3) 计算:

$$\rho_{s} = \frac{\int_{300}^{2500} \rho(\lambda)S_{\lambda}d\lambda}{\int_{300}^{2500} S_{\lambda}d\lambda} \approx \frac{\sum_{\lambda=300}^{2500} \rho(\lambda)S_{\lambda}\Delta\lambda}{\sum_{\lambda=380}^{780} S_{\lambda}\Delta\lambda} \qquad (2.3\text{-}3)$$

式中: $\rho(\lambda)$ ——玻璃反射比的光谱数据。

④ 太阳光总透射比

单片玻璃的太阳光总透射比 g 按式 (2.3-4) 计算:

$$g = \tau_{s} + \frac{A_{s} \cdot h_{in}}{h_{in} + h_{out}} \qquad (2.3\text{-}4)$$

式中: τ_{s} ——单片玻璃的太阳光直接透射比;

h_{in} ——玻璃室内表面换热系数 $[W/(m^2 \cdot K)]$;

h_{out} ——玻璃室外表面换热系数 $[W/(m^2 \cdot K)]$;

A_{s} ——单片玻璃的太阳光直接吸收比。

⑤ 太阳光直接吸收比

单片玻璃的太阳光直接吸收比 A_s 按式 (2.3-5) 计算:

$$A_{s} = 1 - \tau_{s} - \rho_{s} \qquad (2.3\text{-}5)$$

式中: τ_{s} ——单片玻璃的太阳光直接透射比;

ρ_{s} ——单片玻璃的太阳光直接反射比。

⑥ 遮阳系数

单片玻璃的遮阳系数 SC_{cg} 按式（2.3-6）计算：

$$SC_{cg} = \frac{g}{0.87} \tag{2.3-6}$$

式中：g ——单片玻璃的太阳光总透射比；

0.87——3mm 厚的普通透明玻璃平板玻璃的太阳能总透射比。

2）多层玻璃

① 太阳辐射吸收比

对整个太阳光谱进行数据积分，当太阳辐射到玻璃系统时，第 i 层玻璃的太阳辐射吸收比 Ai 按式（2.3-7）计算：

$$A_i = \frac{\int_{300}^{2500} A_i(\lambda) S_\lambda \mathrm{d}\lambda}{\int_{300}^{2500} S_\lambda \mathrm{d}\lambda} \approx \frac{\sum_{\lambda=300}^{2500} A_i(\lambda) S_\lambda \Delta\lambda}{\sum_{\lambda=380}^{780} S_\lambda \Delta\lambda} \tag{2.3-7}$$

② 多层玻璃的可见光透射比按式（2.3-1）计算。

③ 多层玻璃的太阳光直接透射比按式（2.3-2）计算，太阳光直接反射比按式（2.3-3）计算。

④ 太阳光总透射比

玻璃系统的太阳光总透射比按式（2.3-8）计算：

$$g = \tau_s + \sum_{i=1}^{n} q_{in,i} \tag{2.3-8}$$

式中：τ_s ——单片 PC 板的太阳光直接透射比；

$q_{in,i}$ ——各层玻璃向室内的二次传热。

⑤ 遮阳系数

玻璃系统的玻璃的遮阳系数按式（2.3-6）计算。

2.3.6　性能指标及判定规则

应符合幕墙、门窗节能工程的设计要求。

2.4　幕墙、门窗、采光屋面中空玻璃露点的测定

2.4.1　检验批

同一厂家同一品种的产品抽检不少于 1 组。

2.4.2　试验标准

GB/T 11944—2012 中空玻璃。

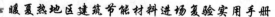

2.4.3　检测设备

（1）中空玻璃露点检测试验箱：恒温室温度（23±2）℃，恒温室相对湿度30%～75%。

（2）中空玻璃露点仪：温度范围−80～30℃，测量精度1℃。

2.4.4　取样方法

试样为制品或制品相同材料、在同一工艺条件下制作的尺寸为510mm×360mm的试样，至少每批取3块。

2.4.5　检验方法

（1）试验条件

试验在（23±2）℃，相对湿度30%～75%的环境中进行。试验前全部试样在该环境中放置至少24h。

（2）试验步骤

向露点仪内注入深约25mm的乙醇或丙酮，再加入干冰，使其温度降低到等于或低于−60℃，开始露点测试，并在试验中保持该温度。

将试样水平放置，在上表面涂一层乙醇或丙酮，使露点仪与该表面紧密接触，停留时间按表2.4-1的规定。

表 2.4-1　露点测试时间

原片玻璃厚度/mm	接触时间/min
≤4	3
5	4
6	5
8	7
≥10	10

移开露点仪，立刻观察玻璃试样的内表面有无结露或结霜。

如无结露或结霜，露点温度记为−60℃。

如结露或结霜，将试样放置到完全无结露或结霜后，提高露点仪温度继续测量，每次提高5℃，直至测量到−40℃，记录试样最高的结露温度，该温度为试样的露点温度。

对于两腔中空玻璃露点测试，应分别测试中空玻璃的两个表面。

2.4.6　性能指标

应符合幕墙、门窗节能工程的设计要求和相关标准的规定。

2.4.7　判定规则

取 3 块试样进行露点检测，如全部合格，则该项性能合格。

2.5　隔热型材的拉伸、抗剪强度的测定

2.5.1　检验批

同一厂家、同一品种的产品抽检不少于 1 组。

2.5.2　试验标准

JG 175—2011 建筑用隔热铝合金型材。

2.5.3　检测设备

20kN 微机控制电子万能试验机，精度 1 级。

2.5.4　取样方法

每批中抽取隔热型材 2 根。

2.5.5　检验方法

（1）试样制备

每项试验在每批中取隔热型材 2 根，每根取长(100±1)mm 试样 5 个，其中每根中部取 1 个试样，两端各取 1 个试样，共取 10 个试样，做好标识。

（2）试样状态调节

1）穿条式隔热型材试样应在温度(23±2)℃，相对湿度(50±5)％的环境条件下存放 48h。

2）浇注式隔热型材试样应在温度(23±2)℃，相对湿度(50±5)％的环境条件下存放 168h。

（3）纵向抗剪试验

① 试验装置

将隔热型材一端紧固在固定装置上（图 2.5-1），作用力通过刚性支承件均匀传递给隔热型材另一端，固定装置和刚性支承件均不得直接作用在隔热材料

上，加载时隔热型材不应发生扭转或偏移。

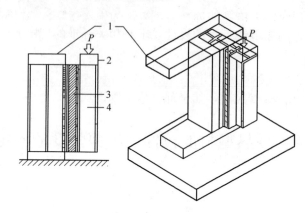

图 2.5-1　纵向抗剪试验装置

1—固定装置；2—刚性支承件；3—隔热材料（隔热条或隔热胶）；

4—铝合金型材

② 试验温度

室温试验温度：$(23\pm2)℃$。

c）试验程序

将隔热型材试样固定在检测装置上，在室温下放置 10min，以初始速度 1mm/min 逐渐加至 5mm/min 的速度进行加载，记录所加的荷载和相应的剪切位移（负荷—位移曲线），直至剪切力失效，测量试样上的滑移量。

d）结果计算

纵向抗剪值按式（2.5-1）计算：

$$T_i = \frac{P_{1i}}{L_i}$$ (2.5-1)

式中：T_i——第 i 个试样的纵向抗剪值，单位为牛顿每毫米（N/mm）；

P_{1i}——第 i 个试样的最大抗剪力，单位为牛顿（N）；

L_i——第 i 个试样的长度，单位为毫米（mm）。

相应样本估算的标准差 s 按式（2.5-2）计算：

$$s = \sqrt{\frac{\sum_{i=1}^{10} (\overline{T} - T_i)^2}{9}}$$ (2.5-2)

纵向抗剪特征值按式（2.5-3）计算：

$$T_c = \overline{T} - 2.02s$$ (2.5-3)

式中：T_c——纵向抗剪特征值，单位为牛顿每毫米（N/mm）；

$\overline{T}$——10 个试样所能承受纵向抗剪特征值的算术平均值，单位为牛顿每毫米（N/mm）；

　　s ——相应样本估算的标准差，单位为牛顿每毫米（N/mm）。

（4）横向抗拉试验

1）试验装置

隔热型材试样在试验装置的 U 型夹具中均匀受力（图 2.5-2）。拉伸过程中试样不应倾斜或偏移。

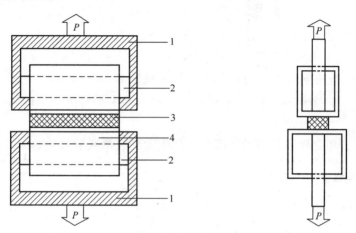

图 2.5-2　横向抗拉试验装置示意图

1—U 型夹具；2—刚性支承；3—隔热材料（隔热条或隔热胶）；

4—铝合金型材

2）试样准备

① 穿条式隔热型材试样应采用先通过室温纵向抗剪试验抗剪失效后的试样，再做横向抗拉试验；

② 浇注式隔热型材试样直接进行横向抗拉试验。

3）试验温度

室温试验温度：（23±2）℃。

4）试验程序

将隔热型材试样固定在 U 型夹具上，在室温下放置 10min，以初始速度 1mm/min 逐渐加至 5mm/min 的速度加载进行横向抗拉试验，直至抗拉失效（出现型材撕裂、隔热材料断裂、型材与隔热材料脱落等现象），测定其最大荷载。

5）结果计算

横向抗拉值按式（2.5-4）计算：

$$Q_i = \frac{P_{2i}}{L_i} \tag{2.5-4}$$

式中：Q_i——第 i 个试样的横向抗拉值，单位为牛顿每毫米（N/mm）；

P_{2i}——第 i 个试样的最大抗拉力，单位为牛顿（N）；

L_i——第 i 个试样的长度，单位为毫米（mm）。

相应样本估算的标准差 s 按式（2.5-5）计算：

$$s = \sqrt{\frac{\sum_{i=1}^{10}(\overline{Q}-Q_i)^2}{9}} \tag{2.5-5}$$

横向抗拉特征值按式（2.5-6）计算：

$$Q_c = \overline{Q} - 2.02s \tag{2.5-6}$$

式中：Q_c——横向抗拉特征值，单位为牛顿每毫米（N/mm）；

$\overline{Q}$——10 个试样所能承受最大抗拉力的算术平均值，单位为牛顿每毫米（N/mm）；

s——相应样本估算的标准差，单位为牛顿每毫米（N/mm）。

2.5.6 性能指标

隔热型材纵向抗剪特征值、横向抗拉特征值应符合表 2.5-1 的规定。

表 2.5-1 隔热型材纵向抗剪特征值、横向抗拉特征值

测试条件	复合形式	门窗类(W)/(N/mm)	幕墙类(CW)/(N/mm)
室温(23±2)℃	穿条式	$T_c \geqslant 24$	$T_c \geqslant 24$
		$Q_c \geqslant 24$	$Q_c \geqslant 30$
	浇注式	$T_c \geqslant 30$	$T_c \geqslant 32$
		$Q_c \geqslant 24$	$Q_c \geqslant 30$

2.5.7 判定规则

有见证送检产品检验项目中若有不合格项，可再从该批产品中抽取双倍试件，均分为两组对该不合格项进行重复检验，重复检验结果全部达到本标准要求时判该项目合格，否则判该批产品不合格。

2.6 幕墙的气密性的测定

2.6.1 检验批

幕墙面积大于 3000m² 或建筑外墙面积 50％时抽检不少于 1 组。

2.6.2　试验标准

（1）GB/T 15227—2007　建筑幕墙气密、水密、抗风压性能检测方法。

（2）JGJ 75—2012　冬暖夏热地区居住建筑节能设计标准。

（3）GB/T 21086—2007　建筑幕墙。

2.6.3　检测设备

建筑幕墙四性检测设备：空气流量测试范围 $0\sim750m^3/h$。

2.6.4　取样方法

现场抽取材料和配件，在试验室安装制作试件。试件包括典型单元、典型拼缝、典型可开启部分。

2.6.5　检测方法

（1）检测前准备

试件安装完毕后应进行检查，符合设计要求后才可进行检测。检测前，应将试件可开启部分开关不少于 5 次，最后关紧。

（2）预备加压

在正负压检测前分别施加 3 个压力脉冲。压力差绝对值为 500Pa，持续时间为 3s，加压速度为 100Pa/s，然后待压力回零后开始进行检测。

检测压差顺序见图 2.6-1。

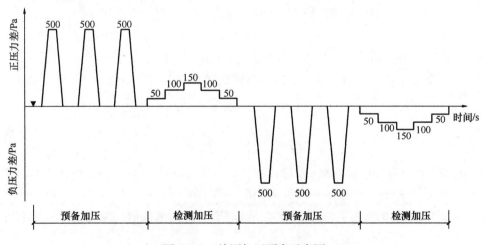

图 2.6-1　检测加压顺序示意图

（3）空气渗透量的检测

1）附加空气渗透量 q_f

充分密封试件上的可开启缝隙和镶嵌缝隙，或用不透气的材料将箱体开口部分密封。然后按加压顺序逐级加压，每级压力作用时间大于 10s。先逐级加正压，后逐级加负压。记录各级压差下的检测值。箱体的附加空气渗透量不应高于试件总渗透量的 20%，否则应在处理后重新进行检测。

2）总渗透量 q_z

去除试件上所加密封措施后进行检测。检测程序与附加空气渗透量相同。

3）固定部分空气渗透量 q_g

将试件上的可开启部分的开启缝隙密封起来后进行检测。检测程序与附加空气渗透量相同。

（4）检测值的处理

1）计算

① 分别计算出正压检测升压和降压过程中在 100Pa 压差下的两次附加渗透量检测值的平均值 $\bar{q_f}$、两个总渗透量检测值的平均值 $\bar{q_z}$，两个固定部分渗透量检测值的平均值 $\bar{q_g}$，则 100Pa 压差下整体幕墙试件（含可开启部分）的空气渗透量 $\bar{q_t}$ 和可开启部分空气渗透量 $\bar{q_k}$ 按式（2.6-1）计算：

$$q_t = \bar{q_z} - \bar{q_f}$$
$$q_k = q_t - \bar{q_g}$$

（2.6-1）

式中：q_t——100Pa 压差下通过整体幕墙试件（含可开启部分）的空气渗透量，单位为立方米每小时（m³/h）；

$\bar{q_z}$——两次总渗透量检测值的平均值，单位为立方米每小时（m³/h）；

$\bar{q_f}$——两个附加渗透量检测值的平均值，单位为立方米每小时（m³/h）；

q_k——试件可开启部分空气渗透量值，单位为立方米每小时（m³/h）；

$\bar{q_g}$——两个固定部分渗透量检测值的平均值，单位为立方米每小时（m³/h）。

② 按式（2.6-2）将 q_t 和 q_k 分别换算成标准状态的渗透量 q_1 值和 q_2 值：

$$q_1 = \frac{293}{101.3} \times \frac{q_t \cdot P}{T}$$
$$q_2 = \frac{293}{101.3} \times \frac{q_k \cdot P}{T}$$

（2.6-2）

式中：q_1——标准状态下通过整体幕墙试件（含可开启部分）的空气渗透量，单位为立方米每小时（m³/h）；

q_2——标准状态下通过试件可开启部分空气渗透量值，单位为立方米每小时（m³/h）；

P——试验室气压值，单位为千帕（kPa）；

T——试验室空气温度值，单位为开尔文（K）。

c）按式（2.6-3）将 q_1 值除以试件总面积 A，即可得出在 100Pa 压差作用下，整体幕墙试件（含可开启部分）单位面积的空气渗透量 q_1' 值：

$$q_1' = \frac{q_1}{A} \tag{2.6-3}$$

式中：q_1'——在 100Pa 下，整体幕墙试件（含可开启部分）单位面积的空气渗透量，单位为立方米每平方米小时 $[m^3 / (m^2 \cdot h)]$；

　　　A——试件总面积，单位为平方米（m^2）。

d）按式（2.6-4）将 q_2 值除以试件可开启部分开启缝长 l，即可得出在 100Pa 压差作用下，整体幕墙试件可开启部分单位开启缝长的空气渗透量 q_2' 值：

$$q_2' = \frac{q_2}{l} \tag{2.6-4}$$

式中：q_2'——在 100Pa 下，试件可开启部分单位缝长的空气渗透量，单位为立方米每平方米小时 $[m^3 / (m^2 \cdot h)]$；

　　　l——试件可开启部分开启缝长，单位为米（m）。

2）分级指标值的确定

采用由 100Pa 检测压力差作用下的计算值 $\pm q_1'$ 或 $\pm q_2'$ 值，按式（2.6-5）或式（2.6-6）换算为 10Pa 压力差作用下的相应值 $\pm q_A$ 值或 $\pm q_l$ 值。以试件的 $\pm q_A$ 和 $\pm q_l$ 值确定按面积和按缝长各自所属的级别，取最不利的级别定级：

$$\pm q_A = \frac{\pm q_1'}{4.65} \tag{2.6-5}$$

$$\pm q_l = \frac{\pm q_2'}{4.65} \tag{2.6-6}$$

式中：q_1'——100Pa 压力差作用下试件单位面积空气渗透量值，单位为立方米每平方米小时 $[m^3 / (m^2 \cdot h)]$；

　　　q_A——10Pa 压力差作用下试件单位面积空气渗透量值，单位为立方米每平方米小时 $[m^3 / (m^2 \cdot h)]$；

　　　q_2'——100Pa 压力差作用下单位开启缝长空气渗透量值，单位为立方米每米小时 $[m^3 / (m \cdot h)]$；

　　　q_l——10Pa 压力差作用下单位开启缝长空气渗透量值，单位为立方米每米小时 $[m^3 / (m \cdot h)]$。

2.6.6　性能指标

（1）建筑幕墙开启部分气密性能分级指标 q_l 应符合表 2.6-1 的要求。

表 2.6-1　建筑幕墙开启部分气密性能分级

分级代号	1	2	3	4
分级指标值 q_l / [m³/ (m·h)]	$4.0 \geqslant q_l > 2.5$	$2.5 \geqslant q_l > 1.5$	$1.5 \geqslant q_l > 0.5$	$q_l \leqslant 0.5$

（2）整体幕墙（含可开启部分）气密性能分级指标 q_A 应符合表 2.6-2 的要求。

表 2.6-2　整体幕墙气密性能分级

分级代号	1	2	3	4
分级指标值 q_A / [m³/ (m²·h)]	$4.0 \geqslant q_A > 2.0$	$2.0 \geqslant q_A > 1.2$	$1.2 \geqslant q_A > 0.5$	$q_A \leqslant 0.5$

2.6.7　判定规则

建筑幕墙气密性能指标应符合 JGJ 75—2012 的有关规定，并满足相关节能标准的要求。建筑幕墙气密性能设计指标一般规定可按表 2.6-3 确定。

表 2.6-3　建筑幕墙气密性能设计指标一般规定

地区分类	建筑层数、高度	气密性能分级	气密性能指标小于	
			开启部分 q_l /[m³/(m·h)]	幕墙整体 q_A /[m³/(m²·h)]
冬暖夏热地区	10 层以下	2	2.5	2.0
	10 层及以上	3	1.5	1.2

2.7　外窗的气密性的测定

2.7.1　检验批

同一厂家的同一品种、类型、规格的外窗，每 100 樘划分为一个检验批，不足 100 樘也为一个检验批。

2.7.2　试验标准

（1）GB/T 7106—2008　建筑外门窗气密、水密、抗风压性能分级及检测方法。

（2）JGJ 75—2012　冬暖夏热地区居住建筑节能设计标准。

2.7.3　检测设备

（1）门窗三性检测仪：空气流量测量范围 0～635m³/h，精度 3％。

2.7.4　取样方法

每组 3 樘，每樘样窗须安装镶嵌副框。

2.7.5　检测方法

（1）检测前准备

1）试件安装要求

① 试件应安装在安装框架上。

② 试件与安装框架之间的连接应牢固并密封。安装好的试件要求垂直，下框要求水平，下部安装框不应高于试件室外侧排水孔。不应因安装而出现变形。

③ 试件安装后，表面不可沾有油污等不洁物。

④ 试件安装完毕后，应将试件可开启部分开关不少于 5 次，最后关紧。

（2）检测步骤

检测加压顺序如图 2.7-1 所示。

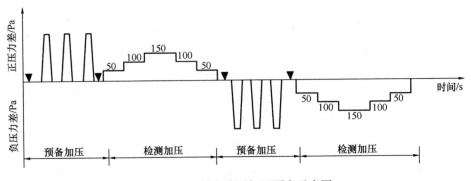

图 2.7-1　气密检测加压顺序示意图

（3）预备加压

在正负压检测前分别施加 3 个压力脉冲。压力差绝对值为 500Pa，持续时间为 3s，加压速度为 100Pa/s，泄压时间不少于 1s。待压力回零后，将试件所有可开启部分开关 5 次，最后关紧。

（4）渗透量的检测

1）附加空气渗透量检测

检测前应采取密封措施，充分密封试件上的可开启缝隙和镶嵌缝隙，或用不透气的盖板将箱体开口部分盖严。然后在（50～150）Pa 顺序范围内，按 50Pa 阶压逐级加压，每级压力作用时间约为 10s。先逐级正压，后逐级负压。记录各级压差下的检测值。

2）总渗透量的检测

去除试件上所加密封措施或打开密封盖板后进行检测，检测顺序同附加渗透量检测。

（5）检测值的处理

1）计算

分别计算出正压检测升压和降压过程中在 100Pa 压差下的两次附加渗透量检测值的平均值 $\overline{q_f}$、两个总渗透量检测值的平均值 $\overline{q_z}$，则窗试件本身 100Pa 压差下的空气渗透量 q_t 按式（2.7-1）计算：

$$q_t = \overline{q_z} - \overline{q_f} \tag{2.7-1}$$

式中：q_t——整体幕墙试件（含可开启部分）的空气渗透量，单位为立方米每小时（m³/h）；

$\overline{q_z}$——两次总渗透量检测值的平均值，单位为立方米每小时（m³/h）；

$\overline{q_f}$——两个附加渗透量检测值的平均值，单位为立方米每小时（m³/h）；

然后，按式（2.7-2）将 q_t 换算成标准状态的渗透量 q' 值：

$$q' = \frac{293}{101.3} \times \frac{q_t \cdot P}{T} \tag{2.7-2}$$

式中：q'——标准状态下通过试件的空气渗透量，单位为立方米每小时（m³/h）；

P——试验室气压值，单位为千帕（kPa）；

T——试验室空气温度值，单位为开尔文（K）。

按式（2.7-3）将 q' 值除以试件开启缝长 L，即可得出在 100Pa 压差作用下，单位开启缝长的空气渗透量 q'_1 值：

$$q'_1 = \frac{q'}{L} \tag{2.7-3}$$

或按式（2.7-4）将 q' 值除以试件面积 A，即可得出在 100Pa 压差作用下，单位面积的空气渗透量 q'_2 值：

$$q'_2 = \frac{q'}{A} \tag{2.7-4}$$

式中：q'_1——在 100Pa 压差下单位缝长的空气渗透量，单位为立方米每米小时 [m³/(m·h)]；

q'_2——在 100Pa 压差下单位面积的空气渗透量，单位为立方米每平方米小时 [m³/(m²·h)]；

A——试件总面积，单位为平方米（m²）；

L ——试件开启缝长，单位为米(m)。

2)分级指标值的确定

采用由 100Pa 检测压力差作用下的计算值 $\pm q_1'$ 或 $\pm q_2'$ 值，按式(2.7-5)或式(2.7-6)换算为 10Pa 压力差作用下的相应值 $\pm q_A$ 值或 $\pm q_1$ 值。以试件的 $\pm q_1$ 和 $\pm q_2$ 值确定按面积和按缝长各自所属的级别，取最不利的级别定级。

$$\pm q_1 = \frac{\pm q_1'}{4.65} \tag{2.7-5}$$

$$\pm q_2 = \frac{\pm q_2'}{4.65} \tag{2.7-6}$$

式中：q_1 ——10Pa 压力差作用下单位缝长空气渗透量值，单位为立方米每米小时 $[m^3/(m \cdot h)]$；

q_2 ——10Pa 压力差作用下单位面积空气渗透量值，单位为立方米每米小时 $[m^3/(m^2 \cdot h)]$。

2.7.6　性能指标

（1）分级指标

采用在标准状态下，压力差为 10Pa 时的单位开启缝长空气渗透量 q_1 和单位面积空气渗透量 q_2 作为分级指标。

（2）分级指标值

建筑外窗气密性能分级指标见表 2.7-1。

表 2.7-1　建筑外窗气密性能分级指标

分级	1	2	3	4	5	6	7	8
单位缝长 分级指标值 $q_1 / [m^3/(m \cdot h)]$	$4.0 \geqslant$ $q_1 > 3.5$	$3.5 \geqslant$ $q_1 > 3.0$	$3.0 \geqslant$ $q_1 > 2.5$	$2.5 \geqslant$ $q_1 > 2.0$	$2.0 \geqslant$ $q_1 > 1.5$	$1.5 \geqslant$ $q_1 > 1.0$	$1.0 \geqslant$ $q_1 > 0.5$	$q_1 \leqslant 0.5$
单位面积 分级指标值 $q_2 / [m^3/(m^2 \cdot h)]$	$12 \geqslant$ $q_2 > 10.5$	$10.5 \geqslant$ $q_2 > 9.0$	$9.0 \geqslant$ $q_2 > 7.5$	$7.5 \geqslant$ $q_2 > 6.0$	$6.0 \geqslant$ $q_2 > 4.5$	$4.5 \geqslant$ $q_2 > 3.0$	$3.0 \geqslant$ $q_2 > 1.5$	$q_2 \leqslant 1.5$

2.7.7　判定规则

居住建筑外窗气密性能设计指标应符合表 2.7-2 的规定。

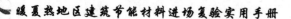

表 2.7-2　建筑建筑外窗气密性能设计指标

地区分类	建筑层数、高度	气密性能分级	气密性能指标小于	
			单位缝长 q_1/ [m³/(m・h)]	单位面积 q_2/ [m³/(m²・h)]
冬暖夏热地区	10 层以下	4	2.5	7.5
	10 层及以上	6	1.5	4.5

2.8　透明半透明遮阳材料的光学性能的测定

2.8.1　检验批

同厂家、同品种材料抽检不少于 1 次。

2.8.2　试验标准

（1）JG/T 116—2012　聚碳酸酯（PC）中空板。

（2）JG/T 231—2007　建筑玻璃采光顶。

（3）GB/T 2680—1994　建筑玻璃　可见光透射比、太阳光直接透射比、太阳能总透射比、紫外线透射比及有关窗玻璃参数的测定。

（4）JGJ 151—2008　建筑门窗玻璃幕墙热工计算规程。

2.8.3　检测设备

（1）紫外/可见/近红外分光光度计：波长范围 175～3300nm，波长精度最高 0.08nm。

（2）傅里叶变换红外光谱仪：波长范围 7800～350cm⁻¹，分辨率优于 0.8cm⁻¹。

（3）游标卡尺：精度 0.01mm。

2.8.4　取样方法

（1）试样

1）切割 100mm×100mm 标准中空板样品 3 块。

2）单层和多层构件的试样，采用同材质单片切片的组合体。

（2）标样

1）在光谱透射比测定中，采用与试样相同厚度的空气层作参比标准。

2）在光谱反射比测定中，采用仪器配置的参比白板作参比标准。

3）在光谱反射比测定中，采用标准镜面反射体作为工作标准，例如镀金反射标准镜，而不采用完全漫反射体作为工作标准。

2.8.5　检验方法

（1）试样准备

用浸有无水乙醇（或乙醚）的脱脂棉清洗试样。用游标卡尺测量 PC 板厚度和中空板构件间隔层厚度。

（2）测试试样的远红外反射率

1）开机：先打开傅里叶远红外光谱仪与计算机电源。启动操作界面上的检测程序。

2）确认仪器状态：将标准反射镜平放于检测口处。镜面向下，点击进入仪器监测页面，观察能量水平是否达到要求。

3）样品测试

① 扫描背景：将标准反射镜平放于检测口，点击检测系统的扫描界面。

② 扫描样品：每片 PC 板分别测试室外面与室内面，将 100mm×100mm 的样品平放于检测口。在对话框输入样品编号，点击扫描样品。

③ 结果保存：点击换算界面，将数据以纳米单位输入，得出新的光谱曲线图。将曲线分别保存为固定格式。将该组 PC 板的远红外反射率真数据拷贝到与分光光度计连接的计算机上，进行最后的结果验算。

（3）测试试样的紫外、可见、近红外透射率与反射率

1）开机：紫外/可见/近红外分光光度计预热 15min 后，点击操作界面上的透射或反射程序。

2）校准：将白色标准板放置于积分球反射检测口，点击归零。

3）样品测试

① 透射率检测：测试 PC 板室外面的透射率，将样品放置在积分球透射检测口处，样品放置方向应使检测光线与所测检测面的入射光线一致，点击开始。

② 反射率检测：分别测试 PC 板室外面与室内面的反射率，将样品放置在积分球反射检测口处，样品放置方向应使检测光线与所测检测面的入射光线一致，点击开始。

③ 结果保存：检测完成后，将检测结果保存至指定文件夹，并分别以二元图等固定格式保存。

（4）结果计算

1）单片 PC 板

① 可见光透射比

单片 PC 板可见光透射比 τ_v 按式（2.8-1）计算：

$$\tau_v = \frac{\int_{380}^{780} D_\lambda \tau(\lambda) V(\lambda) d\lambda}{\int_{380}^{780} D_\lambda V(\lambda) d\lambda} \approx \frac{\sum_{\lambda=380}^{780} D_\lambda \tau(\lambda) V(\lambda) \Delta\lambda}{\sum_{\lambda=380}^{780} D_\lambda V(\lambda) \Delta\lambda} \tag{2.8-1}$$

式中：D_λ ——D65 标准光源的相对光谱功率分布；

$\tau(\lambda)$ ——玻璃透射比的光谱数据；

$V(\lambda)$ ——人眼的视见函数。

② 太阳光直接透射比

单片 PC 板太阳光直接透射比 τ_s 按式（2.8-2）计算：

$$\tau_s = \frac{\int_{300}^{2500} \tau(\lambda) S_\lambda d\lambda}{\int_{300}^{2500} S_\lambda d\lambda} \approx \frac{\sum_{\lambda=300}^{2500} \tau(\lambda) S_\lambda \Delta\lambda}{\sum_{\lambda=380}^{780} S_\lambda \Delta\lambda} \tag{2.8-2}$$

式中：$\tau(\lambda)$ ——玻璃透射比的光谱数据；

S_λ ——标准太阳光谱。

③ 太阳光直接反射比

单片 PC 板的太阳光直接反射比 ρ_s 按式（2.8-3）计算：

$$\rho_s = \frac{\int_{300}^{2500} \rho(\lambda) S_\lambda d\lambda}{\int_{300}^{2500} S_\lambda d\lambda} \approx \frac{\sum_{\lambda=300}^{2500} \rho(\lambda) S_\lambda \Delta\lambda}{\sum_{\lambda=380}^{780} S_\lambda \Delta\lambda} \tag{2.8-3}$$

式中：$\rho(\lambda)$ ——玻璃反射比的光谱数据。

④ 太阳光总透射比

PC 板的太阳光总透射比 g 按式（2.8-4）计算：

$$g = \tau_s + \frac{A_s \cdot h_{in}}{h_{in} + h_{out}} \tag{2.8-4}$$

式中：τ_s ——单片 PC 板太阳光直接透射比；

h_{in} ——玻璃室内表面换热系数[W/(m² · K)]；

h_{out} ——玻璃室外表面换热系数[W/(m² · K)]；

A_s ——单片 PC 板的太阳光直接吸收比。

⑤ 太阳光直接吸收比

单片 PC 板的太阳光直接吸收比 A_s 按式（2.8-5）计算：

$$A_s = 1 - \tau_s - \rho_s \tag{2.8-5}$$

式中：τ_s ——单片 PC 板的太阳光直接透射比；

ρ_s ——单片 PC 板的太阳光直接反射比。

⑥ 遮阳系数

单片 PC 板的遮阳系数 SC_{cg} 按式（2.8-6）计算：

$$SC_{cg} = \frac{g}{0.87} \tag{2.8-6}$$

式中：g ——单片玻璃的太阳光总透射比；

0.87——3mm 厚的普通透明玻璃平板玻璃的太阳能总透射比。

2）多层 PC 板

① 太阳辐射吸收比

对整个太阳光谱进行数据积分，当太阳辐射到玻璃系统时，第 i 层玻璃的太阳辐射吸收比 A_i 按式（2.3-7）计算：

$$A_i = \frac{\int_{300}^{2500} A_i(\lambda) S_\lambda d\lambda}{\int_{300}^{2500} S_\lambda d\lambda} \approx \frac{\sum_{\lambda=300}^{2500} A_i(\lambda) S_\lambda \Delta\lambda}{\sum_{\lambda=380}^{780} S_\lambda \Delta\lambda} \tag{2.8-7}$$

② 多层 PC 板的可见光透射比按式（2.8-1）计算。

③ 多层 PC 板的太阳光直接透射比按式（2.3-2）计算，太阳光直接反射比按式（2.3-3）计算。

④ 太阳光总透射比

PC 中空板的太阳光总透射比按式（2.8-8）计算：

$$g = \tau_s + \sum_{i=1}^{n} q_{in,i} \tag{2.8-8}$$

式中：$q_{in,i}$ ——各层玻璃向室内的二次传热。

⑤ 遮阳系数

PC 中空板的遮阳系数按式（2.8-6）计算。

⑥ 紫外线透射比

紫外线透射比按式（2.8-9）计算：

$$\tau_{uv} = \frac{\int_{280}^{380} U_\lambda \cdot \tau(\lambda) \cdot d\lambda}{\int_{280}^{380} U_\lambda \cdot d\lambda} \approx \frac{\sum_{280}^{380} U_\lambda \cdot \tau(\lambda) \cdot \Delta\lambda}{\sum_{280}^{380} U_\lambda \cdot \Delta\lambda} \tag{2.8-9}$$

式中：τ_{uv} ——试样的紫外线透射比，%；

U_λ ——紫外线辐射相对光谱分布，见表 2.8-1；

$\Delta\lambda$ ——波长间隔，$\Delta\lambda = 5nm$；

$\tau(\lambda)$ ——试样的紫外线光谱透射比，%。

⑦ 紫外线辐射相对光谱分布 U_λ 乘以波长间隔 $\Delta\lambda$ 见表 2.8-1。

表 2.8-1　紫外线辐射相对光谱分布 U_λ 乘以波长间隔 $\Delta\lambda$

λ/nm	$U_\lambda \cdot \Delta\lambda$
297.5	0.00082
302.5	0.00461
307.5	0.01373
312.5	0.02746
317.5	0.04120
322.5	0.05591
327.5	0.06572
332.5	0.07062
337.5	0.07258
342.5	0.07454
347.5	0.07601
352.5	0.07700
357.5	0.07896
362.5	0.08043
367.5	0.08337
372.5	0.08631
377.5	0.09073

$$\sum_{280}^{380} U_\lambda \cdot \Delta\lambda = 1$$

2.8.6　性能指标

（1）聚碳酸酯（PC）中空板的节能光学性能技术要求应符合表 2.8-2 的规定。

表 2.8-2　聚碳酸脂（PC）中空板的节能光学性能技术要求

序号	项　目		单位	技术要求
1	透光率	$d=4\text{mm}$	%	≥75
		$d=5\text{mm}$		≥70
		$d=6\text{mm}$		≥70
		$d=8\text{mm}$		≥70
		$d=10\text{mm}$		≥70
2	紫外线透射比		%	≤0.001

（2）中空板的遮阳系数按表 2.8-3 进行分级。

表 2.8-3　中空板的遮阳系数分级

分级代号	1	2	3	4	5	6
分级指标值 SC	$0.9 \geqslant SC > 0.7$	$0.7 \geqslant SC > 0.6$	$0.6 \geqslant SC > 0.5$	$0.5 \geqslant SC > 0.4$	$0.4 \geqslant SC > 0.3$	$0.3 \geqslant SC > 0.2$

2.8.7　判定规则

（1）光学性能测试结果中，若有 1 项不合格时，应从原批中随机抽取双倍样品，对该项目进行复验。复验结果全部合格，则中空板节能光学性能合格；若复验结果仍有 1 项不合格项，则该项性能不合格。

（2）遮阳系数指标值应符合设计要求。

第3章 通风、空调与空调系统工程

3.1 有机保温材料的燃烧性能的测定

3.1.1 检验批

同一厂家、同一品种的产品抽检不少于1组。

3.1.2 试验标准

（1）GB/T 17794—2008 柔性泡沫橡塑绝热制品。

（2）GB 8624—2012 建筑材料及制品燃烧性能分级。

（3）GB/T 8626—2007 建筑材料可燃性试验方法。

3.1.3 检测设备

（1）建筑保温材料燃烧性能检测装置

1）主要参数

① 箱体高度 $700mm \times 400mm \times 810mm$；

② 试样尺寸 $250mm \times 90mm$；

③ 试件最大厚度 $60mm$；

④ 燃烧器喷嘴孔径 $\phi 0.17mm$。

（2）燃气

纯度≥95％的商用丙烷，燃气压力在 $10 \sim 50kPa$ 范围内。

3.1.4 取样方法

（1）试样尺寸：长 $250_{-1}^{0}mm$，宽 $90_{-1}^{0}mm$，厚度取实际厚度。

（2）测试6块具有代表性的制品试样，并分别在样品的纵向和横向上切制3块试样。

3.1.5 检验方法

（1）试验准备

1）确认燃烧箱烟道内的空气流速符合要求。

2）将 6 块试样从状态调节室中取出，并在 30min 内完成试验。

3）将试样置于试样夹内，试样的两个边缘和上端边缘被夹封闭，受火端距离底端 30mm。

4）将燃烧器角度调整至 45°，使用规定的定位器，确认燃烧器与试样的距离。

5）在试样下方的铝箔收集盘内放两张滤纸，这一操作应在试验前的 3min 内完成。

（2）试验步骤

1）点燃位于垂直方向的燃烧器，待火焰稳定后微调燃烧器，将火焰高度定为（20±1）mm。

2）沿燃烧器的垂直轴线将其倾斜 45°，水平推进火焰抵达预设的试样接触点。当火焰接触到试样时开始计时。

3）可采用表面点火或边缘点火两种方式。

（3）试验时间

1）如果点火时间为 15s，总试验时间是 20s，从开始点火计算。

2）如果点火时间为 30s，总试验时间是 60s，从开始点火计算。

（4）试验结果表述

1）记录点火位置；

2）试样是否被引燃；

3）火焰尖端是否到达距点火点 150mm 处，并记录该现象发生时间；

4）是否发生滤纸被引燃；

5）观察试样的物理行为。

3.1.6　结果评定

柔性泡沫橡塑绝热制品按 GB 8624—2012《建筑材料及制品燃烧性能分级》中分级应不低于 C 级。

3.2　柔性泡沫橡塑绝热制品的导热系数、表观密度、真空吸水率

3.2.1　检验批

单位工程同厂家同材质材料不少于 2 次。

3.2.2　试验标准

（1）GB/T 17794—2008　柔性泡沫橡塑绝热制品。

（2）GB/T 6343—2009　泡沫塑料与橡胶　表观（体积）密度的测定。

（3）GB/T 10294—2008　绝热材料稳态热阻及有关特性的测定　防护热板法。

（4）GB/T 4272—2008　设备及管道绝热技术通则。

3.2.3　检测设备

（1）双试件平板导热系数测定仪。

（2）精密电子天平：精确度 0.1%。

（3）游标卡尺：分度值为 0.01mm。

（4）精密直径围尺：分度值为 0.1mm。

（5）真空容器。

（6）真空泵。

3.2.4　取样方法

100mm×100mm×制品厚 8 块，300mm×30mm×制品厚 2 块，管的试件为 100mm 长。

3.2.5　检验方法

（1）导热系数

1）试件要求

① 送检管壳类制品时以同材质的板状制品代替进行导热系数试验。

② 试件厚度以尺寸测量的实测厚度为准。

2）试验步骤

① 试验条件设置：冷板 30℃；热板 50℃，平均温度 40℃。

② 按需要及要求在导热仪操作系统界面填写运行参数设置：

——试件面积（计量面积）：0.021m²；

——试件厚度（m）：根据所检测试件的厚度填写；

——计量板温度（℃）与防护板温度（℃）相同：50.0℃；

——左冷板温度（℃）与右冷板温度（℃）相同：30.0℃。

③ 将被测试件垂直放置在智能导热仪两个相互平行具有恒定温度的平板中，自动开启夹紧装置，左气缸与左气缸同时将左侧板与右侧板压紧，施加的压力不大于 2.5kPa，关闭前门旋转锁紧手柄，将前门压紧，再点击上气缸自动将上盖落下，试件装夹完毕。

④ 开启操作系统的自动检测程序，即自动进行调控温度及采集计算。通过温控曲线可在运行过程中观察温度的变化趋势。试验进入稳态后，4h 左右即可

结束试验。

3）试验结果计算

操作系统进入稳态后每半小时采集一组数据，最后用稳态数据的平均值按式（3.2-1）计算导热系数：

$$\lambda = \frac{\Phi \cdot d}{A(T_1 - T_2)}$$ （3.2-1）

式中：λ ——试件导热系数，单位为瓦每米开尔文[W/(m·K)]；

　　Φ ——加热单元计量部分的平均加热功率，单位为瓦（W）；

　　T_1 ——试件热面温度平均值，单位为开（K）；

　　T_2 ——试件冷面温度平均值，单位为开（K）；

　　A ——计量面积，单位为平方米（m^2）；

　　d ——试件平均厚度，单位为米（m）。

计算结果精确至 0.001W/(m·K)。

（2）表观密度

1）取 5 个试件进行测量。试件的状态调节环境要求为：温度（23±2）℃，相对湿度（50±5）%。

2）橡塑板材的密度测量按照保温板材的标准方法进行。

3）管的密度

① 长度

用钢直尺测量外侧两端部相对的两处，长度取两次测量的平均值，数值修约到整数。

② 外径

用精密直径围尺在管的两端头和中部测量，管外径 d 取三处测量结果的平均值，数值修约到 0.1mm。

③ 壁厚

用卡尺在管的两端头测量，壁厚为两处测量结果的平均值，数值修约到 0.1mm。

④ 内径

利用测得的外径和壁厚，按式（3.2-2）计算管的内径，数值修约到小数点后一位数。

$$d_2 = d_1 - 2h$$ （3.2-2）

式中：d_2 ——管的内径，单位为毫米（mm）；

　　d_1 ——管的外径，单位为毫米（mm）；

　　h ——管的壁厚，单位为毫米（mm）。

⑤ 体积

按式（3.2-3）计算管的体积：

$$V = \pi(d_2 + h)hl \times 10^{-9} \qquad (3.2-3)$$

式中：V——管的体积，单位为立方米（m^3）；

d_2——管的内径，单位为毫米（mm）；

h——管的壁厚，单位为毫米（mm）；

l——管的长度，单位为毫米（mm）。

计算结果修约至三位有效数字。

⑥ 质量

称量试件，精确至 0.5%，单位为克（g）。

⑦ 结果计算

由式（3.2-4）计算表观密度，取其平均值，精确至 $0.1kg/m^3$：

$$\rho = \frac{m}{V} \times 10^6 \qquad (3.2-4)$$

式中：ρ——试样的表观密度，单位为千克每立方米（kg/m^3）；

m——试样的质量，单位为克（g）；

V——试样的体积，单位为立方毫米（mm^3）。

（3）真空吸水率

1）试样

① 在温度为（23 ± 2）℃、相对湿度为（50 ± 5）%的标准环境下，预置试样 24h。

② 板的试件尺寸为 100mm×100mm×原厚；管的试件尺寸为 100mm 长。

2）试验步骤

① 称量试件，精确至 0.01g，得到初始质量 M_1。

② 在真空容器中注入适当高度的蒸馏水。

③ 将试件放在试样架上，并完全浸入水中，盖上真空容器盖，打开真空泵，盖上防护罩。当真空度达到 85kPa 时，开始计时，保持 85kPa 真空度 3min。3min 后关闭真空泵，打开真空容器的进气孔。3min 后取出试件，用吸水纸除去试件表面（包括管内壁和两端）上的水。除去管内壁的水时，可将吸水纸卷成棒状探入管内，此项操作应在 1min 内完成。

④ 称量试件，精确至 0.01g，得到最终质量 M_2。

3）真空吸水率计算

真空吸水率按式（3.2-5）计算：

$$\rho = \frac{M_2 - M_1}{M_1} \times 100\% \qquad (3.2-5)$$

式中：ρ——真空吸水率，%；

M_1 ——试件初始质量，单位为克（g）；

M_2 ——试件最终质量，单位为克（g）。

计算结果修约至整数。

3.2.6　性能指标

柔性泡沫橡塑绝热制品节能的性能指标应符合表 3.2-1 的规定。

表 3.2-1　柔性泡沫橡塑绝热制品节能的性能指标

项　目	单位	性能指标	
		Ⅰ类	Ⅱ类
表观密度	kg/m³	≤95	
导热系数［40℃（平均温度）］	W/(m・K)	≤0.041	
真空吸水率	％	≤10	

3.2.7　判定规则

所有项目检验结果应符合表 3.2-1 的规定。如有任一项指标不合格，则判该批产品节能性能不合格。

3.3　风机盘管机组的供冷量、供热量、风量、出口静压、噪声、功率的测定

3.3.1　检验批

单位工程同厂家风机盘管机组按总数量的 2％，但不少于 2 台检测。

3.3.2　试验标准

（1）GB/T 19232—2003　风机盘管机组。

（2）GB 6882—2008　声学、声压法测定噪声源声功率级消声室和半消声室精密法。

3.3.3　检测设备

（1）风机盘管机组检测装置

试验装置由空气预处理设备、风路系统、水路系统及控制系统组成。整个试验装置应保温，其主要技术参数：

水流量控制范围：200～2300L/h；

精度：±1％；

风量控制范围：300～2500m³/h；

冷量范围：2000～12600W。

（2）风机盘管噪声性能检测装置

产品主要技术参数：

消声室类型：半消声室；

截止频率：125Hz；

本底噪声：≤20dB（A）；

测试精度误差：$2.3^{+0.5}_{-0.5}$dB。

3.3.4 取样方法

随机抽检，整机送样。

3.3.5 检验方法

（1）供冷量和供热量

1）试验条件

供冷量和供热量应按表 3.3-1 规定的试验工况进行试验。

表 3.3-1 额定供冷量和供热量的试验工况参数

项 目			供冷工况	供热工况
进口空气状态		干球温度/℃	27.0	21.0
		湿球温度/℃	19.5	—
供水状态		供水温度/℃	7.0	60.0
		供回水温差/℃	5.0	—
		供水量/（kg/h）	按水温差得出	与供冷工况同
风机转速			高档	
出口静压/Pa	低静压机组	带风口和过滤器等	0	
		不带风口和过滤器等	12	
	高静压机组		30 或 50	

2）测量步骤

① 进行机组供冷量或供热量测量时，只有在试验系统和工况达到稳定 30min 后，才能进行测量记录；

② 连续测量 30min，按相等时间间隔（5min 或 10min）记录空气和水的各

参数，至少记录 4 次数值。在测量期间内，允许对试验工况参数作微量调节；

③ 取每次记录的平均值作为测量值进行计算；

④ 应分别计算风侧和水侧的供冷量或供热量，两侧热平衡偏差应在 5% 以内为有效。取风侧和水侧的算术平均值为机组的供冷量或供热量。

2）试验记录

试验需记录的数据见表 3.3-2。

表 3.3-2　需记录的试验数据

序　号	记录数据
1	日期
2	试验者
3	制造厂
4	型号规格
5	机组进、出口尺寸
6	大气压力
7	流量喷嘴前后静压差或喷嘴出口处动压
8	使用喷嘴个数与直径
9	进入流量喷嘴的空气温度和全压
10	被试机组出口静压
11	被试机组进、出口空气干球和湿球温度
12	被试机组进、出口水温
13	被试机组水流量
14	被试机组输入功率

3）测量结果计算

① 湿工况风量计算

标准空气状态下湿工况的风量按式（3.3-1）计算：

$$L_z = CA_n \sqrt{\frac{2\Delta P}{\rho}} \qquad (3.3\text{-}1)$$

$$L_s = \frac{L_z \rho}{1.2}$$

其中：
$$\rho = \frac{(B + P_t)(1 + d)}{461T(0.622 + d)} \qquad (3.3\text{-}2)$$

② 供冷量计算

风侧供冷量和显冷量按式（3.3-3）和（3.3-4）计算：

$$Q_{a} = L_{s}\rho(I_{1} - I_{2}) \tag{3.3-3}$$

$$Q_{se} = L_{s}\rho C_{pa}(t_{a1} - t_{a2}) \tag{3.3-4}$$

水侧供冷量按式（3.3-5）计算：

$$Q_{w} = GC_{pw}(t_{w2} - t_{w1}) - N \tag{3.3-5}$$

实测供冷量按式（3.3-6）计算：

$$Q_{L} = \frac{1}{2}(Q_{a} + Q_{w}) \tag{3.3-6}$$

两侧供冷量平衡误差按式（3.3-7）计算：

$$\left| \frac{Q_{a} - Q_{w}}{Q_{L}} \right| \times 100\% \leqslant 5\% \tag{3.3-7}$$

③ 供热量计算

风侧供热量按式（3.3-8）计算：

$$Q_{ah} = L_{s}\rho C_{pa}(t_{a2} - t_{a1}) \tag{3.3-8}$$

水侧供热量按式（3.3-9）计算：

$$Q_{wh} = GC_{pw}(t_{w1} - t_{w2}) + N \tag{3.3-9}$$

实测供热量按式（3.3-10）计算：

$$Q_{h} = \frac{1}{2}(Q_{ah} + Q_{wh}) \tag{3.3-10}$$

两侧供热量平衡误差按式（3.3-11）计算：

$$\left| \frac{Q_{ah} - Q_{wh}}{Q_{h}} \right| \times 100\% \leqslant 5\% \tag{3.3-11}$$

④ 计算式中符号说明

L_{z}——湿工况风量，单位为立方米每秒（m³/s）；

L_{s}——标准状态下湿工况的风量，单位为立方米每秒（m³/s）；

A_{n}——喷嘴面积，单位为平方米（m²）；

C——喷嘴流量系数；

ΔP——喷嘴前后静压差或喷嘴喉部处的动压，单位为帕（Pa）；

P_{t}——在喷嘴进口处空气的全压，单位为帕（Pa）；

B——大气压力，单位为帕（Pa）；

ρ——湿空气密度，单位为千克每立方米（kg/m³）；

d——喷嘴处湿空气的含湿量，单位为千克每千克（kg/kg）（干空气）；

T——被测机组出口空气热力学温度，单位为开尔文（K）。$T = 273 + t_{a2}$；

G——供水量，单位为千克每秒（kg/s）；

t_{a1}、t_{a2}——被测机组进、出口空气温度，单位为摄氏度（℃）；

t_{w1}、t_{w2}——被测机组进、出口水温，单位为摄氏度（℃）；

C_{pa}——空气定压比热容，单位为千焦每千克摄氏度[kJ/(kg·℃)]；

C_{pw}——水的定压比热容，单位为千焦每千克摄氏度$[kJ/(kg \cdot ℃)]$；

N——输入功率，单位为千瓦（kW）；

I_1、I_2——被测机组进、出口空气焓值，单位为千焦每千克（kJ/kg）（干空气）；

Q_a——风侧供冷量，单位为千瓦（kW）；

Q_{se}——风侧显热供冷量，单位为千瓦（kW）；

Q_w——水侧供冷量，单位为千瓦（kW）；

Q_{ah}——风侧供热量，单位为千瓦（kW）；

Q_{wh}——水侧供冷量，单位为千瓦（kW）；

$Q''L$——被测机组实测供冷量，单位为千瓦（kW）；

Q_h——被测机组实测供热量，单位为千瓦（kW）。

（2）风量、出口静压和输入功率

1）试验条件

风量、出口静压和输入功率应按表3.3-3规定的试验工况进行试验。

表3.3-3 额定风量和输入功率的试验参数

项　目			试验参数
机组进口空气干球温度/℃			14～27
供水状态			不供水
风机转速			高档
出口静压/Pa	低静压机组	带风口和过滤器等	0
		不带风口和过滤器等	12
	高静压机组	不带风口和过滤器等	30 或 50
机组电源	电压/V		220
	频率/Hz		50

2）试验方法

① 在机组高、中、低三档风量和规定的出口静压下测量风量、输入功率、出口静压和温度、大气压力。无级调速机组，可仅进行高档下的风量测量。高静压机组应进行风量和出口静压关系的测量，得出高、中、低三档风量时的出口静压值，或按式（3.3-12）进行计算：

$$P_M = (L_M/L_H)^2 P_H \qquad P_L = (L_L/L_H)^2 P_H \qquad (3.3-12)$$

式中：P_H、P_M、P_L——高、中、低三档的出口静压，单位为帕（Pa）；

L_H、L_M、L_L——高、中、低三档风量，单位为立方米每小时（m³/h）。

② 出口静压测量是在机组出口测量截面上将相互成 90°分布的静压孔的取压口连接成静压环，将压力计一端与该环连接，另一端和周围大气相通，压力计的读数为机组出口静压；管壁上静压孔直径取 1～3mm，取压接口管的内径应不小于两倍静压孔直径。

3）风量计算

① 单个喷嘴的风量按式（3.3-13）计算：

$$L_n = CA_n \sqrt{\frac{2\Delta P}{\rho_n}} \tag{3.3-13}$$

其中：

$$\rho_n = \frac{P_t + B}{287T}$$

式中：L_n ——流经每个喷嘴的风量，单位为立方米每秒 m^3/s；

    C ——流量系数，见表 3.3-4。喷嘴喉部直径大于等于 125mm 时，可设定 $C=0.99$；

    A_n ——喷嘴面积单位为平方米，（m^2）；

    ΔP ——喷嘴前后的静压差或喷嘴喉部的动压，单位为帕（Pa）；

    ρ_n ——喷嘴处空气密度，单位为千克每立方米（kg/m^3）；

    P_t ——机组出口空气全压，单位为帕（Pa）；

    B ——大气压力，单位为帕（Pa）；

    T ——机组出口热力学温度，单位为开尔文（K）。

② 若采用多个喷嘴测量时，机组风量等于各个喷嘴测量的风量总和 L。

③ 试验结果按式（3.3-14）换算为标准空气状态下的风量：

$$L_s = \frac{L\rho_n}{1.2} \tag{3.3-14}$$

表 3.3-4　喷嘴流量系数

雷诺数 R_e	流量系数 C	雷诺数 R_e	流量系数 C	备注
40000	0.973	150000	0.988	$R_e = \omega D/\upsilon$
50000	0.977	200000	0.991	式中：ω ——喷嘴喉部速度，单位
60000	0.979	250000	0.993	为米每秒（m/s）；
70000	0.981	300000	0.994	υ ——空气的运动黏性系数，
80000	0.983	350000	0.994	单位为平方米每秒
100000	0.985			（m^2/s）；
				D ——喷嘴喉部直径，单位为米（m）。

（3）噪声

1）测量条件

① 被试机组电源输入为额定电压、额定频率，并可进行高、中、低三档风量运行。

② 被试机组出口静压值应与风量测量时一致。

③ 按表 3.3-5 规定的试验参数测量。

表 3.3-5　噪声试验工况参数

项　　目		噪声试验
进口空气状态	干球温度/℃	常温
	湿球温度/℃	
供水状态	供水量/（kg/h）	不通水
风机转速		高档
出口静压/Pa	带风口和过滤器机组	0
	不带风口和过滤器机组	12
	高静压机组	30 或 50

2）测量步骤

① 被测机组在测量室内按图 3.3-1 规定的位置进行噪声测量。立式机组按图 3.3-1（a）位置测量；卧式机组按图 3.3-1（b）位置测量；卡式机组按图 3.3-1（c）位置测量。在半消声室内测量时，测点距反射面大于 1m。

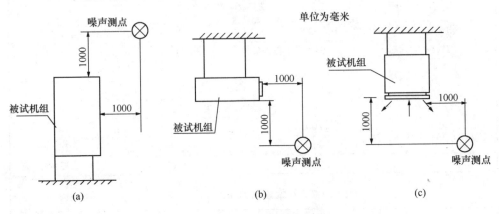

图 3.3-1　风机盘管噪声测量
（a）立式机组；（b）卧式机组；（c）卡式机组

② 有出口静压的机组按图 3.3-2 规定的位置进行噪声测量。在机组回风口安装测试管段，并在端部安装阻尼网，调节到要求静压值，按图中指定的噪声测点进行测量。

③ 用声级计测出机组高、中、低三档风量时的声压级 dB（A）。

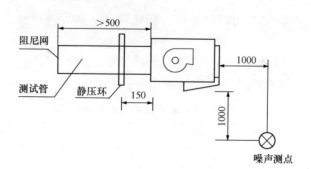

图 3.3-2　有出口静压的机组噪声测量

3.3.6　性能指标

（1）基本要求

机组在高挡转速下的基本规格应符合表 3.3-6 和表 3.3-7 的规定。

1）机组的电源为单相 220V，频率 50Hz；

2）机组的供冷量的空气焓降一般为 15.9kJ/kg；

3）单盘管机组的供热量一般为供冷量的 1.5 倍。

表 3.3-6　基本规格

规格	额定风量/（m³/h）	额定供冷量/W	额定供热量/W
FP-34	340	1800	2700
FP-51	510	2700	4050
FP-68	680	3600	5400
FP-85	850	4500	6750
FP-102	1020	5400	8100
FP-136	1360	7200	10800
FP-170	1700	9000	13500
FP-204	2040	10800	16200
FP-238	2380	12600	18900

表 3.3-7　基本规格的输入功率、噪声

规格	风量/（m³/h）	输入功率/W			噪声/dB（A）		
		低静压机组	高静压机组		低静压机组	高静压机组	
			30Pa	50Pa		30Pa	50Pa
FP-34	340	37	44	49	37	40	42
FP-51	510	52	59	66	39	42	44
FP-68	680	62	72	84	41	44	46

规格	风量/ （m³/h）	输入功率/W			噪声/dB（A）		
		低静压 机组	高静压机组		低静压 机组	高静压机组	
			30Pa	50Pa		30Pa	50Pa
FP-85	850	76	87	100	43	46	47
FP-102	1020	96	108	118	45	47	49
FP-136	1360	134	156	174	46	48	50
FP-170	1700	152	174	210	48	50	52
FP-204	2040	189	212	250	50	52	54
FP-238	2380	228	253	300	52	54	56

（2）性能要求

1）风量实测值应不低于额定值的 95％，输入功率实测值应不大于表 3.3-7 规定值的 110％。

2）供冷量和供热量实测值应不低于额定值的 95％。

3）实测声压级噪声应不大于表 3.3-7 规定值。

3.3.7　判定规则

抽样数量和判定，按表 3.3-8 抽检一次抽样方案规定。

表 3.3-8　抽检一次抽样方案

批量ᵃ/台	抽样数量/台	合格判定数ᵇ/台	不合格判定数ᶜ/台
≤50	2	0	1
51～200	3	0	1
>200	5	1	2
a 批量指一批中同机种、同型号的数量； b 合格判定数，指抽样中允许最大不合格数或不合格数； c 不合格判定数，指抽样中不允许最小不合格数或不合格数。			

3.4　空调机组、新风机组风机的风量、
出口静压、功率的测定

3.4.1　检验批

同厂家同规格的设备按总数量的 2％，但不少于 2 台检测。

3.4.2 试验标准

（1）GB/T 14294—2008　组合式空调机组。

（2）GB 50243—2016　通风与空调工程施工质量验收规范。

（2）GB/T 1236—2000　工业通风机　用标准化风道进行性能试验。

3.4.3 检测设备

（1）试验装置由试验机组、连接管、测试装置或管以及测量仪表组成。

（2）试验机组应由功能段组成的整体机组（至少有风机、过滤、换热段）组成。

（3）微压计：精度 1Pa。

（4）标准喷嘴：准确度 1%。

（5）皮托管：符合 GB/T 1236—2000《工业通风机　用标准风道进行性能试验》标准。

（6）功率表：0.5 级。

3.4.4 取样方法

随机抽检，现场检测。

3.4.5 检验方法

（1）试验的一般条件

1）由试验机组至流量和压力测量截面之间不应漏气。

2）试验机组，应在额定风量下测量，其波动应在额定风量±10%之内。

3）机组的测试工况点，可通过系统风阀调节，但不得干扰测量段的气流流动。

4）应按标准中规定的试验工况和试验仪表准确度进行试验。

（2）风量测量

1）测量截面应选择在机组入口或出口直管段上，距上游局部阻力管件两倍以上管径的位置。

2）矩形截面的测点数见表 3.4-1，具体规定如下：

① 当矩形截面长短之比小于 1.5 时，在截面上至少应布置 25 个点，见图 3.4-1。对于长边大于 2m 的截面，至少应布置 30 个点（6 条纵线，每个纵线上 5 个点）。

② 矩形截面长短之比大于 1.5 时，在截面上至少应布置 30 个点（6 条纵线，每个纵线上 5 个点）。

③ 对于长边小于 1.2m 的截面，可按等面积划分成若干个小截面，每个小截面的边长 200～250mm。

表 3.4-1　矩形截面测点位置

纵线数	每条线上的点数	x_i/L 或 y_i/H
5	1	0.074
	2	0.288
	3	0.500
	4	0.712
	5	0.926
6	1	0.061
	2	0.235
	3	0.437
	4	0.563
	5	0.765
	6	0.939
7	1	0.053
	2	0.203
	3	0.366
	4	0.500
	5	0.634
	6	0.797
	7	0.947

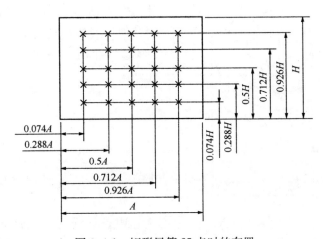

图 3.4-1　矩形风管 25 点时的布置

3）圆形截面测点可按图 3.4-2 和表 3.4-2 布置。

表 3.4-2　圆形截面的测点布置

风管直径	＜200mm	200～400mm	401～700mm	＞700mm
圆环个数	3	4	5	5～6
测点编号	测点到管壁的距离（r 的倍数）			
1	0.10	0.10	0.05	0.05
2	0.30	0.20	0.20	0.15
3	0.60	0.40	0.30	0.25
4	1.40	0.70	0.50	0.35
5	1.70	1.30	0.70	0.50
6	1.90	1.60	1.30	0.70
7	—	1.80	1.50	1.30
8	—	1.90	1.70	1.50
9	—	—	1.80	1.65
10	—	—	1.95	1.75
11	—	—	—	1.85
12	—	—	—	1.95

4）测量步骤

① 测量所选截面上各点的速度。速度的测量一般可采用皮托管和微压计，但当动压值小于 10Pa 时，推荐采用其他仪表如热电风速仪等。

② 截面上的平均速度用式（3.4-1）计算：

$$V = \frac{V_1 + V_2 + \cdots\cdots + V_n}{n}$$

（3.4-1）

式中：　　　V ——平均速度，单位米每秒（m/s）；

V_1、V_2、……V_n ——各测点的速度，单位米每秒（m/s）；

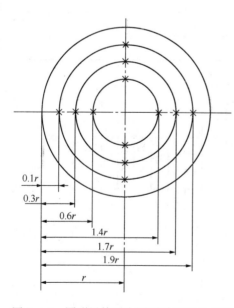

图 3.4-2　圆形风管三个圆环时的测点布置

n ——测点数。

③ 至少应重复进行三次测量，取其平均值。

④ 由截面风速和面积得出风量。

（3）机组进口、出口静压测量

1）机组进口和出口静压应选择靠近机组接管处直接测量。

2）采用压力测孔测量静压，测孔应相互垂直，内表面必须光滑。如果是矩形截面，测孔应在侧壁的中心。

3）用皮托管和压力计测量截面上的静压，应重复三次，取平均值。

（4）机外静压

按式（3.4-2）计算机外静压（P_s）：

$$P_s = P_{s2} - P_{s1} \tag{3.4-2}$$

式中：P_{s2}、P_{s1} ——机组出口、进口静压，单位帕（Pa）。

（5）功率测量

用功率计或电流电压表直接测量机组的输入功率或电流、电压。

（6）试验结果换算成标准空气状态下的值。

3.4.6　性能指标及判定规则

在进口空气干球温度 5～35℃试验工况下，风量实测值不低于额定值的 95％，机外静压实测值不低于额定值的 90％，输入功率实测值不应超过额定值的 10％。

第4章 配电与照明工程

4.1 低压配电电缆电线相应截面的电阻值的测定

4.1.1 检验批

单位工程同厂家各种规格总数的 10％，且不少于 2 种规格。

4.1.2 试验标准

（1）GB 50411—2007 建筑节能工程施工质量验收规范。

（2）GB/T 3048.2—2007 电线电缆电性能试验方法 第 2 部分：金属材料电阻率试验。

（3）GB/T 5023—2008 额定电压 450/750V 及以下聚氯乙烯绝缘电缆。

（4）JB/T 8734.1—2016 额定电压 450/750V 及以下聚氯乙烯绝缘电缆电线和软线 第 1 部分：一般规定。

4.1.3 检测设备

（1）直流电桥：允差±0.10％。

（2）电阻测量专用夹具：两电位点的标距不小于 0.3m。

（3）游标卡尺：（1000±0.1）mm。

（4）杠杆千分尺：表头示值误差不超过 1μm。

（5）精密天平：分度值为 0.1mg。

（6）温度计：示值误差不超过 0.1℃。

4.1.4 取样方法

单芯电线抽取包装完好、卷绕整齐并含有完整产品标签的样品 1 捆（长度至少 60m），多芯电缆抽取＞2m×1 段。

4.1.5 检验方法

（1）试样制备

1）将样品两端长约 200mm 的绝缘和护套剥除。对于大截面导体（无论是绞合导体还是束丝结构导体），应用软铜丝绑扎，不能松股。对于多股软结构导体，剥除绝缘和护套时，注意刀片不应损伤导体。

2）如果导体表面污染严重，可用专用洗涤液清洗 5min，然后用清水清洗表面残液并保持干燥和洁净；如果导体表面氧化严重，特别是束丝软结构导体，可用细纱布轻轻处理导体表面，除尽导体表面的氧化层，并尽量不损伤导体。

3）如果样品是铝导体，当试件标称截面大于或等于 50mm^2 时，试件两端应压接铝压接头（铝鼻子）。

4）在测量前，一定要保证试件在恒温室里放置足够长的时间，以保证试件的导体温度与测量室温一致。在试样放置和试验过程中，试验室的环境温度变化应不大于 ± 1℃。

（2）试验步骤

1）用单臂电桥测量时，用两个夹头连接被测试样；用双臂电桥或其他电阻仪器测量时，用四个夹头连接被测试样；如是一根以上导体，应对每根导体进行测量。

2）电阻测量误差：例行试验时应不大于 2%，仲裁试验时应不大于 0.5%。

3）试样长度的测量应在两电位电极之间的试样上进行，测量误差应不超过 ± 0.5%。

4）铰合导体的全部单线应可靠地与测量系统的电流夹头相连接。对于两芯及以上成品电线电缆的导体电阻测量，单臂电桥两夹头或双臂电桥的一对电位夹头应与长度测量的实际标线相连接。

5）闭合直流电源开关，平衡电桥，读取读数，记录至少四位有效数字。当试样的电阻小于 0.1Ω 时，应将开关 S_1 换向，用相反方向电流再测量一次，读取读数。

6）对细微导体电阻进行测量时，要防止电流过大而引起导体升温。推荐采用的电流密度：铝导体应不大于 0.5A/mm^2，铜导体应不大于 1.0A/mm^2。可用比例为 1：1.41 的两种测量电流，分别测出试样的电阻值。如两者之差不超过 0.5%，则认为用比例为 1：1.41 的电流测量时，试样导体没有发生温升变化。

（3）测量中的注意事项

1）在夹试件时应注意两端夹具间试件尽量呈直线，不能有弯曲现象，但不得将应在绞合状态测试的缆芯或导电线芯分拆后拉直。对于较小截面的试件或束丝软结构导件，在旋转夹具时用力不要太大，以免夹伤导体，影响测量结果。

2）如果采用大于 1m 的试件，应精确测量夹具间的距离或导体（电缆）的实际长度。

3）测量环境温度时，温度计应离地面至少 1m，离试样应不超过 1m，且二者应大致在同一高度，并正确读取。

（4）试验结果及计算

1）用双臂电桥测量时，试样电阻按式（4.1-1）计算：

$$R_x = R_N \cdot R_1/R_2 \tag{4.1-1}$$

式中：R_x——试样电阻值，单位欧姆（Ω）；

R_N——标准电阻值，单位欧姆（Ω）；

R_1，R_2——电桥平衡时的桥臂电阻值，单位欧姆，（Ω）。

2）用单臂电桥测量时，试样电阻按式（4.1-2）计算：

$$R_x = R_3 \cdot R_1/R_2 \tag{4.1-2}$$

式中： R_x——试样电阻值，单位欧姆（Ω）；

R_1，R_2，R_3——电桥平衡时的桥臂电阻值，单位欧姆（Ω）。

如果连接线电阻值达到或超过测量电阻值的 0.2% 时，则试样的电阻值应按式（4.1-3）进行校正：

$$R_x = R'_x - R_B \tag{4.1-3}$$

式中：R'_x——按式（4.1-2）计算得出的电阻值，单位欧姆（Ω）；

R_B——试样两端短路时连接线的总电阻，单位欧姆（Ω）。

3）温度 20℃时每千米长度电阻值按式（4.1-4）计算：

$$R_{20} = R_x/[1 + \alpha_{20}(t - 20)] \times (1000/L) \tag{4.1-4}$$

式中：t——测量时的环境温度，单位为摄氏度（℃）；

R_{20}——在 20℃时每千米长度电阻值，单位为欧姆每千米（Ω/km）；

α_{20}——导体材料 20℃时的电阻温度系数，单位为每负一次方摄氏度（℃$^{-1}$）；

L——试样的测量长度，单位为米（m）。

4）温度 20℃时导体的电阻率按式（4.1-5）计算：

$$\rho_{20} = R_x A/\{[1 + \alpha_{20}(t - 20)]L\} \tag{4.1-5}$$

式中：ρ_{20}——在 20℃时导体的电阻率，单位为欧姆平方毫米每米（Ω·mm²/m）；

A——导体的标称截面，单位为平方毫米（mm²）。

5）若有必要，可按式（4.1-6）换算铜导体在 20℃、长度为 1km 时的电阻。

$$R_{20} = R_t \times [254.5/(234.5 + t)] \times (1000/L) \tag{4.1-6}$$

式中：t——测量时的试样温度，单位为摄氏度（℃）；

R_{20}——在 20℃时导体电阻，单位为欧姆每千米（Ω/km）；

R_t——在 t℃时，长度为 L 电缆的导体电阻，单位为欧姆（Ω）；

L——电缆试样长度，单位为米（m）（是成品试样长度，而不是单根绝缘线芯或单线的长度）。

计算结果所取有效数字位数应与产品标准规定一致。

4.1.6　性能指标

应符合相关产品标准的规定。不同标称截面的电缆、电线每芯导体最大电阻值应符合表 4.1-1 的规定。

表 4.1-1　不同标称截面的电缆、电线每芯导体最大电阻值

标称截面/mm²	20℃时导体最大电阻/（Ω/km） 圆铜导体（不镀金属）
1.5	12.1
2.5	7.41
4	4.61
6	3.08
10	1.83
16	1.15
25	0.727
35	0.524
50	0.387
70	0.268
95	0.193
120	0.153
150	0.124
185	0.0991
240	0.0754
300	0.0601

4.1.7　判定规则

低压配电电缆电线相应截面的电阻值不得低于设计值。

4.2　建筑室内照明平均照度和功率密度值的测定

4.2.1　检验批

每种功能区不少于 2 处。

4.2.2 试验标准

(1) SZJG 31—2010 建筑节能工程施工质量验收规范。

(2) GB/T 5700—2008 照明测量方法。

(3) JGJ 153—2007 体育照明设计及检测方法。

(4) GB 50034—2013 建筑照明设计标准。

4.2.3 检测设备

(1) 照度计：方向性响应误差不大于4%，相对示值误差不超过±4%，分辨率0.001 lx，V(λ)匹配误差达国家一级照度计标准不大于6.0%。

(2) 功率计：精度不低于1.5级的数字功率计，并有谐波测量功能。

4.2.4 取样方法

建筑室内照明照度测量采用矩形网格，测点的间距一般在0.5～10m之间选择。

4.2.5 检验方法

(1) 测量条件

1) 根据需要点燃必要的光源，排除其他无关光源的影响。

2) 测定开始前，白炽灯需点燃5min，荧光灯需点燃15min，高强气体放电灯需点燃30min，待各种光源的光输出稳定后再测量。对于新安设的灯，宜在点燃100h（气体放电灯）和20h（白炽灯）后进行照度测量。

(2) 照度测量方法

1) 中心布点法

① 在照度测量的区域将测量区域划分成矩形网络，网格为正方形，在矩形网格中心点测量照度，如图4.2-1所示。该布点方法适用于水平照度、垂直照度或摄影机方向的垂直照度的测量，垂直照度应标明照度的测量面的法线方向。

② 中心布点法的平均照度按式(4.2-1)计算：

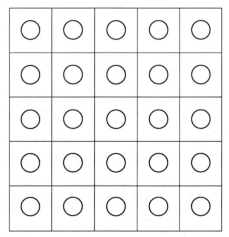

○——测点

图4.2-1 在网络中心布点示意图

$$E_{av} = \frac{1}{M \cdot N} \Sigma E_i \qquad\qquad (4.2\text{-}1)$$

式中：E_{av} ——平均照度，单位为勒克斯（lx）；

E_i ——在第 i 个测点上的照度，单位为勒克斯（lx）；

M——纵向测点数；

N——横向测点数。

2）四角布点法

① 在照度测量的区域将测量区域划分成矩形网络，网格为正方形，在矩形网格 4 个角点上测量照度，如图 4.2-2 所示。该布点方法适用于水平照度、垂直照度或摄影机方向的垂直照度的测量，垂直照度应标明照度的测量面的法线方向。

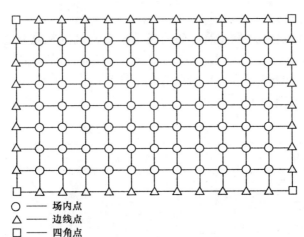

○ —— 场内点
△ —— 边线点
□ —— 四角点

图 4.2-2　在网格四角布点示意图

② 四角布点法的平均照度按式（4.2-2）计算：

$$E_{av} = \frac{1}{4MN}(\Sigma E_\theta + 2\Sigma E_0 + 4\Sigma E) \qquad\qquad (4.2\text{-}2)$$

式中：E_{av} ——平均照度，单位为勒克斯（lx）；

M——纵向网格数；

N——横向测点数；

E_θ——测量区域四个角的测点照度，单位为勒克斯（lx）；

E_0——除 E_0 外，四条外边上的测点照度，单位为勒克斯（lx）；

E——四条外边以内的测点照度，单位为勒克斯（lx）。

3）居住建筑照明测量的场所和照度测点位置、高度及推荐测量间距应符合表 4.2-1 的规定。

表 4.2-1　居住建筑照明的测量

房间或场所		照度测点高度	照度测点间距
起居室	一般活动	地面水平面	1.0m×1.0m
	书写、阅读	0.75m 水平面	
卧室	一般活动	地面水平面	1.0m×1.0m
	床头、阅读	0.75m 水平面	
餐厅		0.75m 水平面	1.0m×1.0m
厨房	一般活动	地面水平面	1.0m×1.0m
	操作台	台面	0.5m×0.5m
卫生间		0.75m 水平面	1.0m×1.0m

4）图书馆建筑、办公建筑、商业建筑、影剧院（礼堂）建筑、旅馆建筑、医院建筑、博物馆及展览馆建筑、交通建筑的照明测量的场所和照度测点位置、高度及推荐测量间距应符合相应检验方法标准的规定，其中办公建筑照明测量的场所和照度测点位置、高度及推荐测量间距应符合表 4.2-2 的规定。

表 4.2-2　办公建筑照明测量

房间或场所	照度测点高度	照度测点间距
办公室	0.75m 水平面	2.0m×2.0m 4.0m×4.0m
会议室	0.75m 水平面	2.0m×2.0m
接待室、前台	0.75m 水平面	2.0m×2.0m 4.0m×4.0m
营业厅	0.75m 水平面	2.0m×2.0m
设计室	0.75m 水平面	2.0m×2.0m
文件整理复印发行	0.75m 水平面	2.0m×2.0m
资料档案	0.75m 水平面	2.0m×2.0m
注：大会议室和大会堂的主席台水平照度测量高度 0.75m，垂直照度测量高度 1.2m。		

5）学校建筑照明测量的场所和照度测点位置、高度及推荐测量间距应符合表 4.2-3 的规定。

表 4.2-3　学校建筑照明测量

房间或场所	照度测点高度	照度测点间距
教室、实验室、美术教室	桌面 地面	2.0m×2.0m 4.0m×4.0m
多媒体教室	0.75m 水平面	2.0m×2.0m 4.0m×4.0m
教室黑板	黑板面（垂直面）	0.5m×0.5m
走廊、楼梯	地面	中心线，间隔 2.0～4.0m

6）体育建筑照明测量应执行 JGJ 153—2007《体育照明设计及检测方法》的规定。

（3）功率密度测量方法

1）单个照明灯具输入功率的测量，采用量程适宜、功能满足要求的单相电气测量仪表。

2）照明功率密度按式（4.2-3）计算：

$$\mathrm{LPD} = \frac{\Sigma P_i}{S} \qquad\qquad (4.2\text{-}3)$$

式中：LPD——照明功率密度，单位为瓦特每平方米（W/m²）；

P_i——被测量照明场所中的第 i 单个照明灯具的输入功率，单位为瓦特（W）；

S——被测量照明场所的面积，单位为平方米（m²）。

5.2.6　性能指标及判定规则

（1）照度值不得小于设计值的 90%；

（2）功率密度值应符合 GB 50034—2013《建筑照明设计标准》中的规定。

第5章 太阳能热水系统

5.1 柔性泡沫橡塑绝热制品的导热系数、表观密度、真空吸水率的测定

5.1.1 检验批

单位工程同厂家同材质材料不少于2次。

5.1.2 试验标准

(1) GB/T 17794—2008 柔性泡沫橡塑绝热制品。

(2) GB/T 6343—2009 泡沫塑料与橡胶 表观（体积）密度的测定。

(3) GB/T 10294—2008 绝热材料稳态热阻及有关特性的测定 防护热板法。

(4) GB/T 4272—2008 设备及管道绝热技术通则。

5.1.3 检测设备

(1) 双试件平板导热系数测定仪。

(2) 精密电子天平：精确度0.1%。

(3) 游标卡尺：分度值为0.01mm。

(4) 精密直径围尺：分度值为0.1mm。

(5) 真空容器。

(6) 真空泵。

5.1.4 取样方法

100mm×100mm×制品厚8块，300mm×30mm×制品厚2块，管的试件为100mm长。

5.1.5 检验方法

1. 导热系数

(1) 送检管壳类制品以同材质的板状制品代替进行导热系数试验。

（2）试件厚度以尺寸测量的实测厚度为准。

（3）试验条件设置：冷板 30℃；热板 50℃，平均温度 40℃。

（4）试验步骤按智能化平板导热仪的操作程序进行。

2. 表观密度

（1）取 5 个试件进行测量。试件的状态调节环境要求为：温度（23±2）℃，相对湿度（50±5）%。

（2）橡塑板材的密度测量按照保温板材的标准方法进行。

（3）管的密度

1）长度

用钢直尺测量外侧两端部相对的两处，长度取两次测量的平均值，数值修约到整数。

2）外径

用精密直径围尺在管的两端头和中部测量，管外径 d 为三处测量结果的平均值，数值修约到 0.1mm。

3）壁厚

用卡尺在管的两端头测量，壁厚为两处测量结果的平均值，数值修约到 0.1mm。

4）内径

根据测得的外径和壁厚，按式（5.1-1）计算管的内径，数值修约到小数点后一位数：

$$d_2 = d_1 - 2h \tag{5.1-1}$$

式中：d_2 ——管的内径，单位为毫米（mm）；

　　　d_1 ——管的外径，单位为毫米（mm）；

　　　h ——管的壁厚，单位为毫米（mm）。

5）体积

按式（5.1-2）计算管的体积：

$$V = \pi(d_2 + h)hl \times 10^{-9} \tag{5.1-2}$$

式中：V ——管的体积，单位为立方米（m³）；

　　　d_2 ——管的内径，单位为毫米（mm）；

　　　h ——管的壁厚，单位为毫米（mm）；

　　　l ——管的长度，单位为毫米（mm）。

计算结果修约至三位有效数字。

6）质量

称量试件，精确至 0.5%，单位为克（g）。

7）结果计算

按式（5.1-3）计算表观密度，取其平均值，精确至 0.1kg/m³：

$$\rho = (m/V) \times 10^6$$

(5.1-3)

式中：ρ——表观密度，单位为千克每立方米（kg/m³）；

m——试样的质量，单位为克（g）；

V——试样的体积，单位为立方毫米（mm³）。

3. 真空吸水率

（1）试样

1）在温度为（23±2）℃、相对湿度为（50±5）%的标准环境下，预置试样 24h。

2）板的试件尺寸为 100mm×100mm×壁厚；管的试件尺寸为 100mm 长。

（2）试验步骤

1）称量试件，精确至 0.01g，得到初始质量 M_1。

2）在真空容器中注入适当高度的蒸馏水。

3）将试件放在试样架上，并完全浸入水中，盖上真空容器盖，打开真空泵，盖上防护罩，当真空度达到 85kPa 时，开始计时，保持 85kPa 真空度 3min。3min 后关闭真空泵，打开真空容器的进气孔，3min 后取出试件，用吸水纸除去试件表面（包括管内壁和两端）上的水。轻轻抹去表面水分，除去管内壁的水时，可将吸水纸卷成棒状探入管内，此项操作应在 1min 内完成。

4）称量试件，精确至 0.01g，得到最终质量 M_2。

（3）真空吸水率计算

真空吸水率按式（5.1-4）计算。

$$\rho = \frac{M_2 - M_1}{M_1} \times 100\%$$

(5.1-4)

式中：ρ——真空吸水率，%；

M_1——试件初始质量，单位为克（g）；

M_2——试件最终质量，单位为克（g）。

计算结果修约至整数。

第6章　建筑墙体保温系统

6.1　建筑外墙外保温系统的检测

6.1.1　适用范围

适用于对新建居住建筑的混凝土和砌体结构外墙外保温工程的抗冲击性能、吸水量、抗风荷载性能、耐候性等的检测。

6.1.2　试验标准

(1) JGJ 144—2008　外墙外保温工程技术规程。

(2) JG/T 429—2014　外墙外保温系统耐候性试验方法。

(3) JGJ 75—2012　冬暖夏热地区居住建筑节能设计标准。

6.1.3　外墙外保温系统构造

(1) EPS 板薄抹灰外墙外保温系统

EPS 板薄抹灰外墙外保温系统由 EPS 板保温层、薄抹面层和饰面涂层构成，EPS 板用胶粘剂固定在基层上，薄抹面层中满铺玻纤网。

(2) 胶粉 EPS 颗粒保温浆料外墙外保温系统

胶粉 EPS 颗粒保温浆料外墙外保温系统由界面层、胶粉 EPS 颗粒保温浆料保温层、抗裂砂浆薄抹面层和饰面层组成。胶粉 EPS 颗粒保温浆料经现场拌和后喷涂或抹在基层上形成保温层，薄抹面层中满铺玻纤网。

(3) EPS 板现浇混凝土外墙外保温系统

EPS 板现浇混凝土外墙外保温系统以现浇混凝土作为基层，EPS 板为保温层。EPS 板内表面（与现浇混凝土接触的表面）沿水平方向开有矩形齿槽，内、外表面均满涂界面砂浆。在施工时将 EPS 板置于外模板内侧，并安装螺栓作为辅助固定件。浇灌混凝土后，墙体与 EPS 板以及螺栓结合为一体，EPS 板表面抹抗裂砂浆薄抹面层，外表以涂料为饰面层，薄抹面层中满铺玻纤网。

(4) EPS 钢丝网架板现浇混凝土外墙外保温系统

EPS 钢丝网架板现浇混凝土外墙外保温系统以现浇混凝土为基层，EPS 单面钢丝网架板置于外墙外模板内侧，并安装 $\phi6$ 钢筋作为辅助固定件。浇灌混凝土后，EPS 单面钢丝网架板挑头钢丝和 $\phi 6$ 钢筋与混凝土结合为一体，EPS 单面钢丝网架板表面抹掺外加剂的水泥砂浆形成厚抹面层，外表做饰面层，加抹玻纤网抗裂砂浆薄抹面层。

（5）机械固定 EPS 钢丝网架板外墙外保温系统

机械固定 EPS 钢丝网架板外墙外保温系统由机械固定装置、腹丝非穿透型 EPS 钢丝网架板、掺外加剂的水泥砂浆厚抹面层和饰面层构成。以涂料做饰面层时，应加抹玻纤网抗裂砂浆薄抹面层。

6.1.4 检测条件

（1）外保温系统试样应按照生产厂家说明书规定的系统构造和加工方法进行制备。材料试样应按产品说明书规定进行配制。

（2）试样养护和状态调节环境条件为：温度 10～25℃，相对湿度不应低于 50%。

（3）试样养护时间应为 28d。

6.1.5 检测设备

（1）外墙外保温抗冲击性能装置。

（2）500g 钢球和 1000g 钢球。

（3）钢板尺：测量范围 0～1m，分度值 10mm。

（4）外墙外保温系统抗风压性能检测装置。

（5）电子天平：称量范围 2000g，精度 2g。

（6）钢直尺：分度值 1mm。

（7）外墙外保温系统耐候性检测装置。

6.1.5 检测方法

1. 抗冲击性能

（1）试样由保温层和保护层构成

试样尺寸不应小于 1200mm×600mm，保温层厚度不应小于 50mm，玻纤网不得有搭接缝。试样分为单层网试样和双层网试样。单层网试样抹面层中应铺一层玻纤网，双层网试样抹面层中应铺一层玻纤网和一层加强网。

（2）试样数量

1）单层网试样：2 件，每件分别用于 3J 级和 10J 级冲击试验。

2）双层网试样：2 件，每件分别用于 3J 级和 10J 级冲击试验。

（3）试样可采用摆动冲击或垂直自由落体冲击方法

1）摆动冲击方法可直接冲击经过耐候性试验的试验墙体。

2）垂直自由落体冲击方法按下列步骤进行试验：

① 将试样保护层向上平放于光滑的刚性底板上，使试样紧贴底板。

② 试验分为 3J 级和 10J 级，每级试验冲击 10 个点。3J 级冲击试验使用质量为 500g 的钢球，在距离试样上表面 0.61m 高度自由降落冲击试样。10J 级冲击试验使用质量为 1000g 的钢球，在距离试样上表面 0.02m 高度自由降落冲击试样。冲击点应离开试样边缘至少 100mm，冲击点间距不得小于 100mm。以冲击点及其周围开裂作为破坏的判定标准。

③ 结果判定时，10J 级试验 10 个冲击点中破坏点不超过 4 个时，判定为 10J 级。10J 级试验 10 个冲击点中破坏点超过 4 个、3J 级试验 10 个冲击点中破坏点不超过 4 个时，判定为 3J 级。

2. 吸水量

（1）试样制备应符合下列规定：

试样分为两种，一种由保温层和抹面层构成，另一种由保温层和保护层构成。

试样尺寸为 200mm×200mm，保温层厚度为 50mm，抹面层和饰面层厚度应符合受检外保温系统构造规定。每种试样数量各为 3 件。

试样周边涂密封材料密封。

（2）试验步骤应符合下列规定：

1）测量试样面积 A。

2）称量试样初始质量 m_0。

3）使试样抹面层或保护层朝下浸入水中并使表面完全湿润。分别浸泡 1h 和 24h 后取出，在 1min 内擦去表面水分，称量吸水后的质量 m。

（3）系统吸水量按式（6.1-1）计算：

$$M = \frac{m - m_0}{A} \tag{6.1-1}$$

式中：M——系统吸水量，单位为千克每平方米（kg/m²）；

$\quad\quad m$——试样吸水后的质量，单位为千克（kg）；

$\quad\quad m_0$——试样初始质量，单位为千克（kg）；

$\quad\quad A$——试样面积，单位为平方米（m²）。

试验结果以 3 个试验数据的算术平均值表示。

3. 抗风荷载性能

（1）试样由基层墙体和被测外保温系统组成，试样尺寸不小于 2.0m×2.5m。

基层墙体可为混凝土墙或砖墙。为了模拟空气渗漏，在基层墙体上每平方米应预留一个直径 15mm 的孔洞，并应位于保温板接缝处。

（2）试验设备是一个负压箱。负压箱应有足够的深度，以保证在外保温系统可能的变形范围内使施加在系统上的压力保持恒定。试样安装在负压箱开口中并沿基层墙体周边进行固定和密封。

（3）试验步骤中的加压程序及压力脉冲图形见图 6.1-1。

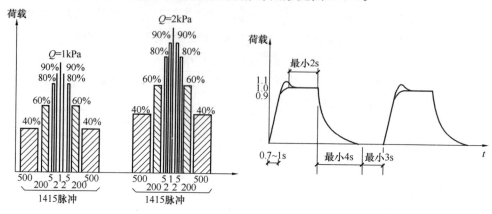

图 6.1-1　加压程序及压力脉冲图形

每级试验包括 1415 个负风压脉冲，加压图形以试验风荷载 Q 的百分数表示。试验以 1kPa 的级差由低级向高级逐级进行，直至试样破坏。

有下列现象之一时，可视为试样破坏：

1）保温板断裂；

2）保温板中或保温板与其保温层之间出现分层；

3）保温板本身脱开；

4）保温板被从固定件上拉出；

5）机械固定件从基底上拔出；

6）保温板从支撑结构上脱离。

（4）系统抗风压值 R_d 按式（6.1-2）计算：

$$R_d = \frac{Q_1 C_s C_a}{K} \tag{6.1-2}$$

式中：R_d——系统抗风压值，单位为千帕（kPa）；

Q_1——试样破坏前一级的试验风荷载值，单位为千帕（kPa）；

K——安全系数；

C_a——几何因数，$C_a = 1$；

C_s——统计修正因数，保温板为粘接固定时的 C_s 值，见表 6.1-1。

表 6.1-1　保温板为粘接固定时的 C_s 值

粘接面积 $B/\%$	C_s
$50 \leqslant B \leqslant 100$	1
$10 < B < 50$	0.9
$B \leqslant 10$	0.8

系统抗风压值 R_d 不小于风荷载设计值。

EPS 板薄抹灰外墙外保温系统、胶粉 EPS 颗粒保温浆料外墙外保温系统、EPS 板现浇混凝土外墙外保温系统和 EPS 钢丝网架板现浇混凝土外墙外保温系统安全系数 K 应不小于 1.5，机械固定 EPS 钢丝网架板外墙外保温系统安全系数 K 应不小于 2。

4. 系统耐候性

（1）试验条件：试样由混凝土墙和被测外保温系统组成，混凝土墙用作基层墙体。试样宽度不小于 2.5m，高度不小于 2.0m，面积不小于 6m² 。混凝土墙上角处应预留一个宽 0.4m、高 0.6m 的洞口，洞口距离边缘 0.4m，如图 6.1-2 所示。外保温系统应包住混凝土墙的侧边。侧边保温板最大厚度为 20mm。预留洞口处应安装窗框。如有必要，可对洞口四角做特殊加强处理。

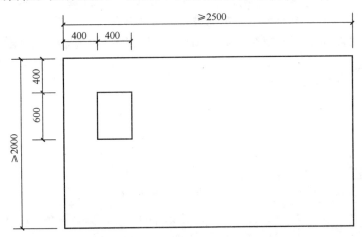

图 6.1-2　系统耐候性试验条件

（2）EPS 板薄抹灰系统和无网现浇系统试验步骤

1）高温—淋水循环 80 次，每次 6h：升温 3h，使试样表面升温至 70℃，并恒温在(70±5)℃(其中升温时间为 1h)；淋水 1h，向试样表面淋水，水温为(15±5)℃，水量为(1.0~1.5)L/(m² · min)；静置 2h。

2）状态调节至少 48h。

3）加热—冷冻循环 5 次，每次 24h：升温 8h，使试样表面升温至 50℃，并恒温在(50±5)℃(其中升温时间为 1h)；降温 16h，使试样表面降温至－20℃，并恒温在(－20±5)℃(其中降温时间为 2h)。

（3）保温浆料系统、有网现浇系统和机械固定系统试验步骤

1）高温—淋水循环 80 次，每次 6h：升温 3h，使试样表面升温至 70℃，并恒温在(70±5)℃(其中升温时间为 1h)；恒温时间不应小于 1h；淋水 1h，向试

样表面淋水，水温为(15 ± 5)℃，水量为$(1.0\sim1.5)$L/(m²·min)；静置2h。

2）状态调节至少48h。

3）加热—冷冻循环5次，每次24h：升温8h，使试样表面升温至50℃，并恒温在(50 ± 5)℃，恒温时间不应小于5h；降温16h，使试样表面降温至—20℃，并恒温在(-20 ± 5)℃，恒温时间不应小于12h。

（4）观察、记录和检验时，应符合下列规定

1）每4次高温—淋水循环和每次加热—冷冻循环后观察试样是否出现裂缝、空鼓、脱落等情况并做记录。

2）试验结束后，状态调节7d，检验抹面层与保温层的拉伸粘结强度，断缝应切割至保温层表面，并检验系统的抗冲击性。

（5）试验结果：经耐候性试验后，不得出现饰面层起泡或剥落、保护层空鼓或脱落等破坏现象，不得产生渗水裂缝。具有薄抹面层的外保温系统，抹面层与保温层的拉伸粘结强度不得小于0.1MPa，并且破坏部位应位于保温层内。

6.1.6 结果评定

检验项目与性能要求，见表6.1-2。

表 6.1-2 检验项目与性能要求

序号	检验项目	性能要求
1	抗风荷载性能	系统抗风压值 R_d 不小于风荷载设计值
2	抗冲击性	建筑物首层墙面以及门窗口等易受碰撞部位：10J 级；建筑物二层以上墙面等不易受碰撞部位：3J 级
3	吸水量	水中浸泡 1h，只带有抹面层和带有全部保护层的系统的吸水量均不得大于或等于 1.0kg/m²
4	耐候性	外墙外保温系统经耐候性试验后，不得出现饰面层起泡或剥落、保护层空鼓或脱落等破坏现象，不得产生渗水裂缝

6.2 无机轻集料保温砂浆系统的检测

6.2.1 适用范围

适用于新建、改建、扩建的民用建筑工程中，无机轻集料保温砂浆系统及系统的抗冲击性、吸水量、抗风荷载性能、耐候性的检测。

6.2.2　试验标准

(1) JGJ 253—2011　无机轻集料砂浆保温系统技术规程。
(2) JGJ 144—2008　外墙外保温工程技术规程。

6.2.3　无机轻集料砂浆保温系统构造

无机轻集料保温砂浆系统是由无机轻集料保温砂浆保温层、抗裂防护层及饰面层组成的保温系统。为加强与基层之间的粘结，可根据不同基层材料设置界面粘结层。根据无机轻集料保温砂浆的位置分布可分为外墙外保温、外墙内保温、分户墙保温和楼地面保温等。

6.2.4　检测条件

试样养护和状态调节环境条件为：温度(23±2)℃，相对湿度 55%～85%。

6.2.5　检测设备

(1) 外墙外保温抗冲击性能装置。
(2) 500g 钢球和 1000g 钢球。
(3) 钢板尺：测量范围 0～1m，分度值 10mm。
(4) 外墙外保温系统抗风压性能检测装置。
(5) 电子天平：称量范围 2000g，精度 2g。
(6) 钢直尺：分度值 1mm。
(7) 外墙外保温系统耐候性检测装置。

6.2.6　检测方法

1. 抗冲击性能
(1) 试样由保温层和保护层构成
试样尺寸不应小于 1200mm×600mm，保温层厚度不应小于 50mm，玻纤网不得有搭接缝。试样分为普通型试样和加强型试样；对于 10J 级抗冲击试样，应涂刷一层聚丙烯酸类乳液。
(2) 试样数量
1) 普通型试样：2 件，用于 3J 级冲击试验。
2) 加强型试样：2 件，用于 10J 级冲击试验。
(3) 试样可采用摆动冲击或竖直自由落体冲击方法
1) 摆动冲击方法可直接冲击经过耐候性试验的试验墙体。
2) 竖直自由落体冲击方法按下列步骤进行试验：

① 将试样保护层向上平放于光滑的刚性底板上，使试样紧贴底板。

② 试验分为 3J 级和 10J 级，每级试验冲击 10 个点。3J 级冲击试验使用质量为 500g 的钢球，在距离试样上表面 0.61m 高度自由降落冲击试样。10J 级冲击试验使用质量为 1000g 的钢球，在距离试样上表面 0.02m 高度自由降落冲击试样。冲击点应离开试样边缘至少 100mm，冲击点间距不得小于 100mm。以冲击点及其周围开裂作为破坏的判定标准。

③ 结果判定时，10J 级试验 10 个冲击后，无宽度大于 0.1mm 的裂缝，判定为 10J 级。3J 级试验 10 个冲击点后，无宽度大于 0.1mm 的裂缝，判定为 3J 级。

2. 抗风荷载性能

（1）试样由基层墙体和被测外保温系统组成，试样尺寸不小于 2.0m×2.5m。

基层墙体可为混凝土墙或砖墙。为了模拟空气渗漏，在基层墙体上每平方米应预留一个直径 15mm 的孔洞，并应位于保温板接缝处。

（2）试验设备是一个负压箱。负压箱应有足够的深度，以保证在外保温系统可能的变形范围内使施加在系统上的压力保持恒定。试样安装在负压箱开口中并沿基层墙体周边进行固定和密封。

（3）试验步骤中的加压程序及压力脉冲图形见图 6.1-1。

每级试验包括 1415 个负风压脉冲，加压图形以试验风荷载 Q 的百分数表示。试验以 1kPa 的级差由低级向高级逐级进行，直至试样破坏。

有下列现象之一时，可视为试样破坏：

1）保温板断裂；

2）保温板中或保温板与其保温层之间出现分层；

3）保温板本身脱开；

4）保温板被从固定件上拉出；

5）机械固定件从基底上拔出；

6）保温板从支撑结构上脱离。

（4）系统抗风压值 R_d 按式（6.1-2）计算。

系统抗风压值 R_d 不小于 6.0kPa。

EPS 板薄抹灰外墙外保温系统、胶粉 EPS 颗粒保温浆料外墙外保温系统、EPS 板现浇混凝土外墙外保温系统和 EPS 钢丝网架板现浇混凝土外墙外保温系统安全系数 K 应不小于 1.5。

3. 系统耐候性

（1）试验条件：试样由混凝土墙和被测外保温系统组成，混凝土墙用作基层墙体。试样宽度不小于 2.5m，高度不小于 2.0m，面积不小于 6m²。混凝土墙上角处应预留一个宽 0.4m、高 0.6m 的洞口，洞口距离边缘 0.4m，如图 6.1-2 所示。外保温系统应包住混凝土墙的侧边。侧边保温板最大厚度为 20mm。预留洞口处应安装窗框。如有必要，可对洞口四角做特殊加强处理。

（2）EPS 板薄抹灰系统和无网现浇系统试验步骤

1）高温—淋水循环 80 次，每次 6h：升温 3h，使试样表面升温至 70℃，并恒温在(70±5)℃(其中升温时间为 1h)；淋水 1h，向试样表面淋水，水温为(15±5)℃，水量为(1.0～1.5)L/(m² • min)；静置 2h。

2）状态调节至少 48h。

3）加热—冷冻循环 5 次，每次 24h：升温 8h，使试样表面升温至 50℃，并恒温在(50±5)℃(其中升温时间为 1h)；降温 16h，使试样表面降温至－20℃，并恒温在(－20±5)℃(其中降温时间为 2h)。

（3）保温浆料系统、有网现浇系统和机械固定系统试验步骤

1）高温—淋水循环 80 次，每次 6h：升温 3h，使试样表面升温至 70℃，并恒温在(70±5)℃(其中升温时间为 1h)，恒温时间不应小于 1h；淋水 1h，向试样表面淋水，水温为(15±5)℃，水量为(1.0～1.5)L/(m² • min)；静置 2h。

2）状态调节至少 48h。

3）加热—冷冻循环 5 次，每次 24h：升温 8h，使试样表面升温至 50℃，并恒温在(50±5)℃，恒温时间不应小于 5h；降温 16h，使试样表面降温至－20℃，并恒温在(－20±5)℃，恒温时间不应小于 12h。

（4）观察、记录和检验时，应符合下列规定

1）每 4 次高温—淋水循环和每次加热—冷冻循环后观察试样是否出现裂缝、空鼓、脱落等情况并做记录。

2）试验结束后，状态调节 7d，检验抹面层与保温层的拉伸粘结强度，断缝应切割至保温层表面。并检验系统的抗冲击性。

（5）试验结果：涂料饰面经 80 次高温（70℃）—淋水（15℃）和 5 次加热（50℃）—冷冻（－20℃）循环后不得出现裂缝、空鼓、脱落现象；面砖饰面加热—冷冻（－20℃）循环增加至 30 次。抗裂面层与保温层的拉伸粘结强度：Ⅰ型保温砂浆不得小于 0.10MPa，Ⅱ型不得小于 0.15MPa，Ⅲ型不得小于 0.25MPa，并且破坏部位应位于保温层内，则系统耐候性合格。

4. 吸水量

（1）试样制备应符合下列规定：

试样分为两种，一种由保温层和抹面层构成，另一种由保温层和保护层构成。

试样尺寸为 200mm×200mm，保温层厚度为 50mm，抹面层和饰面层厚度应符合受检外保温系统构造规定。每种试样数量各为 3 件。

试样周边涂密封材料密封。

（2）试验步骤应符合下列规定：

1) 测量试样面积 A。

2) 称量试样初始质量 m_0。

3) 使试样抹面层或保护层朝下浸入水中并使表面完全湿润。分别浸泡 1h 和 24h 后取出，在 1min 内擦去表面水分，称量吸水后的质量 m。

（3）系统吸水量按式（6.2-1）计算：

$$M = \frac{m - m_0}{A} \tag{6.2-1}$$

式中：M——系统吸水量，单位为千克每平方米（kg/m²）；

m——试样吸水后的质量，单位为千克（kg）；

m_0——试样初始质量，单位为千克（kg）；

A——试样面积，单位为平方米（m²）。

试验结果以 3 个试验数据的算术平均值表示。

6.2.7 结果评定

检验项目与性能要求见表 6.2-1。

表 6.2-1 检验项目与性能要求

序号	检验项目	性能要求
1	抗冲击性	普通型（单层玻纤网）：3J，且无宽度大于 0.10mm 的裂纹； 加强型（双层玻纤网）：10J，且无宽度大于 0.10mm 的裂纹
2	耐候性	涂料饰面经 80 次高温（70℃）—淋水（15℃）和 5 次加热（50℃）—冷冻（−20℃）循环后不得出现裂缝、空鼓、脱落；面砖饰面经 80 次高温（70℃）—淋水（15℃）和 5 次加热（50℃）—冷冻（−20℃）和 30 次加热—冷冻（−20℃）循环后不得出现裂缝、空鼓、脱落。抗裂面层与保温层的拉伸粘结强度：Ⅰ型保温砂浆不得小于 0.10MPa，Ⅱ型不得小于 0.15MPa，Ⅲ型不得小于 0.25MPa，并且破坏部位应位于保温层内。经耐候性试验后，面砖饰面系统的拉伸粘结强度不得小于 0.4MPa
3	吸水量	（在水中浸泡 1h 后）≤1000g/m³

6.3 胶粉聚苯颗粒外墙外保温系统的检测

6.3.1 适用范围

适用胶粉聚苯颗粒外墙外保温系统的抗冲击性、吸水量、耐候性的检测。

6.3.2　试验标准

（1）JG/T 158—2013　胶粉聚苯颗粒外墙外保温系统材料。

（2）JGJ 110—2008 建筑工程饰面砖粘结强度检验标准。

6.3.3　胶粉聚苯颗粒外墙外保温系统分类

按保温层材料的不同构成分为两类：

（1）抹灰系统；

（2）贴砌系统。

6.3.4　检测条件

标准试验环境条件为温度（23±2）℃，相对湿度 45%～75%。在非标准试验环境条件下试验时，应记录温度和相对湿度。

6.3.5　检测设备

（1）外墙外保温抗冲击性能装置。

（2）535g 钢球和 1045g 钢球。

（3）钢板尺：测量范围 0～1.02m，分度值 10mm。

（4）电子天平：称量范围 2000g，精度 2g。

（5）钢直尺：分度值 1mm。

（6）外墙外保温系统耐候性检测装置。

6.3.6　检测方法

1. 抗冲击性能

（1）试件制备

试件由保温层、抗裂层和饰面层构成，试件尺寸 1200mm×600mm，试件数量 2 个。

（2）试验步骤

1）将试件饰面层向上，水平放置在抗冲击仪基座上，使试件紧贴底板。

2）分别用公称直径为 50.8mm 的钢球（其计算质量为 535g）在球的最低点距被冲击表面的垂直高度为 0.57m 上自由落体冲击试件（3J 级）和公称直径为 63.5mm 的钢球（其计算质量为 1045g）在球的最低点距被冲击表面的垂直高度为 0.98m 上自由落体冲击试件（10J 级），每一级别冲击 10 处，冲击点间距及冲击点与边缘的距离不应小于 100mm，试件表面冲击点周围出现环形或放射性裂缝视为冲击点破坏。

（3）结果判定

3J 级试验 10 个冲击点中破坏点小于 4 个时，判定为 3J 级；10J 级试验 10 个冲击点中破坏点小于 4 个时，判定为 10J 级。

2. 吸水量

（1）试样制备

试件由保温层、抗裂层和饰面层构成。

尺寸和数量：200mm×200mm，3 个。

制备：完成制样后，在标准试验条件下养护 7d，然后将试件 4 个侧面（包括保温材料）做密封防水处理，并对试件做下列预处理：

1）将试件按下列步骤进行 3 次循环。将试件饰面层朝下浸入试验环境的水槽中 24h，浸入深度为 2～10mm（抗裂层和饰面层厚度）；

2）在（50±5）℃的条件下干燥 24h。

（2）试验步骤

1）测量试样面积 A。

2）称量试样初始质量 m_0。

3）将试件抹面层或保护层朝下浸入水中并使表面完全湿润，浸入水中的深度为 2～10mm（抗裂层和饰面层厚度），浸泡 1h 后取出，在 1min 内擦去表面水分，称量吸水后的质量 m_1。

（3）试验结果

系统吸水量按式（6.3-1）计算：

$$M = \frac{m_1 - m_0}{A} \tag{6.3-1}$$

式中：M——系统吸水量，单位为千克每平方米（kg/m²）；

m_1——试样吸水后的质量，单位为千克（kg）；

m_0——试样初始质量，单位为千克（kg）；

A——试样面积，单位为平方米（m²）。

试验结果以 3 个试验数据的算术平均值表示，精确至 1kg/m²。

3. 系统耐候性

（1）试样制备

试件由试验墙和被测保温系统组成，试验墙为足够牢固并可安装到耐候性试验箱上的混凝土或砌体墙，墙上角处应开一个宽 0.4m、高 0.6m 的洞口，洞口距离边缘 0.4m，如图 6.1-2 所示。试件宽度不应小于 2.5m，高度不应小于 2.0m，面积不应小于 6m²，试件数量一个；保温层厚度不宜小于 50mm；在试验墙的侧面也应安装保温系统，以胶粉聚苯颗粒浆料作为保温材料，最大厚度为 20mm。

试件应使用同一种抗裂层，可按从左至右竖向分布，最多做 4 种类型的饰面层，墙面底部 0.4m 高度以下不做饰面层。

如有必要，可对洞口四角做特殊加强处理。

试件制作完成后在试验室条件（温度 10～30℃、相对湿度不低于 50%）下养护不少于 28d。

（2）试验步骤

组装试件：将耐候性试验箱安置在试件表面距边缘 0.10～0.30m 处，试件应与耐候性试验箱开口接触。试验过程中，指定的温度在试件的表面测得。

1）高温—淋水循环 80 次，每次 6h，每 4 次循环后，对抗裂层和饰面层的起泡、开裂、脱落等变化状况进行检查，并记录其尺寸和位置；加热 3h，使试样表面升温至 70℃，并恒温在(70±5)℃，恒温时间不应小于 1h，试验箱内空气相对湿度保持在 10%～30% 范围内；喷水 1h，向试件表面喷水，水温为(15±5)℃，水量为(1.0～1.5)L/(m^2·min)；静置 2h。

2）加热—冷冻循环

完成高温—淋水循环的试件在试验室条件下养护不少于 48h，然后按下列步骤进行 20 次加热—冷冻循环，每次 24h；每次循环后，对抗裂层和饰面层的起泡、开裂、脱落等变化状况进行检查，并记录其尺寸和位置；加热 8h，使试样表面升温至 50℃，并恒温在(50±5)℃，恒温时间不应小于 5h，试验箱内空气相对湿度保持在 10%～30% 范围内；制冷 16h，使试件表面降温至 −20℃，并恒温在(−20±5)℃，恒温时间不应小于 12h。

3）拉伸粘结强度测试

完成耐候性循环试验的试件应在试验室条件下放置 7d，然后按 JGJ 110—2008《建筑工程饰面砖粘结强度检验标准》规定的方法测试系统拉伸粘结强度和面砖与抗裂层拉伸粘结强度并应符合下列要求：

① 试样尺寸为 100mm×100mm（系统拉伸粘结强度）或 45mm×95mm（面砖与抗裂层拉伸粘结强度），每组 6 个；

② 采样部位应在试件表面均匀分布，采样点间距和距试件边缘均不小于 100mm，其中系统拉伸粘结强度应在不做饰面层的部位采样；

③ 系统拉伸粘结强度断缝应从抗裂层表面切割至基层墙体表面，面砖与抗裂层拉伸粘结强度断缝应从面砖表面切割至抗裂层表面。

4）试验结果

① 外观：当试件未破坏时，试验结果为无渗水裂缝、无粉化、空鼓、剥落现象；当试件破坏时，应对试件的渗水裂缝、粉化、空鼓、剥落等变化状况进行检查，记录其数量、尺寸和位置，说明其循环次数。

② 拉伸粘结强度：取 6 个试验数据的 4 个中间值的算术平均值，精确至 0.1MPa。

6.3.7 结果评定

检测项目和性能要求，见表 6.3-1。

表 6.3-1 检测项目和性能要求

序号	检测项目		性能指标	
			涂料饰面	面砖饰面
1	耐候性	外观	无渗水裂缝，无粉化、空鼓、剥落现象	
		系统拉伸粘结强度/MPa	≥0.1	—
		面砖与抗裂层拉伸粘结强度/MPa	—	≥0.1
2	吸水量/g/m²		≤1000	
3	抗冲击性	二层及以上	3J 级	—
		首层	10J 级	

6.4 膨胀聚苯板薄抹灰外墙外保温系统的检测

6.4.1 适用范围

适用膨胀聚苯板薄抹灰外墙外保温系统的抗风压值、抗冲击性、吸水量、耐候性的检测。

6.4.2 试验标准

JG 149—2015 膨胀聚苯板薄抹灰外墙外保温系统。

6.4.3 膨胀聚苯板薄抹灰外墙外保温系统构造

置于建筑物外墙外侧的保温及饰面系统，是由膨胀聚苯板、胶粘剂和必要时使用的锚栓、抹面胶浆和耐碱网布及涂料等组成的系统产品。薄抹灰增强防护层的厚度宜控制在：普通型 3～5mm，加强型 5～7mm。该系统采用粘结固定方式与基层墙体连接，也可辅有锚栓。

6.4.4 检测条件

标准试验环境条件为温度（23±2）℃，相对湿度 40％～60％。在非标准试验环境条件下试验时，应记录温度和相对湿度。

6.4.5　检测设备

（1）外墙外保温抗冲击性能装置。

（2）500g 钢球和 1000g 钢球。

（3）钢板尺：测量范围 0～1.02m，分度值 10mm。

（4）电子天平：称量范围 2000g，精度 2g。

（5）钢直尺：分度值 1mm。

（6）外墙外保温系统耐候性检测装置。

（7）外墙外保温系统抗风压性能检测装置。

6.4.6　检测方法

1. 抗冲击性能

（1）试样

1）试样尺寸和数量：600mm×1200mm，2 个；

2）试样制备：在表观密度为 18kg/m³、厚度为 50mm 的膨胀聚苯板上按产品说明书刮抹面胶浆，压入耐碱网布，再用抹面胶浆刮平，抹面层总厚度为 5mm。在试验环境下养护 28d，按试验要求的尺寸进行切割。

（2）试验过程

1）将试样抹面层向上，平放在水平的地面上，试样紧贴地面；

2）分别用质量为 0.5kg（1.0kg）的钢球，在 0.61m（1.02m）的高度上松开，自由落体冲击试样表面。每级冲击 10 个点，点间距或边缘距离至少 100mm。

（3）试验结果

以抹面胶浆表面断裂作为破坏的评定，当 10 次中小于 4 次破坏时，该试件抗冲击强度符合 P（Q）型的要求；当 10 次中有 4 次或 4 次以上破坏时，则为不符合该型的要求。

2. 吸水量

（1）试样

1）试样尺寸和数量：200mm×200mm，3 个；

2）试样制备：在表观密度为 18kg/m³、厚度为 50mm 的膨胀聚苯板上按产品说明书刮抹面胶浆，压入耐碱网布，再用抹面胶浆刮平，抹面层总厚度为 5mm。在试验环境下养护 28d，按试验要求的尺寸进行切割；

3）每个试样除抹面胶浆的一面外，其他五面用防水材料密封。

（2）试验过程：用天平称量制备好的试样质量 m_0，然后将试样抹胶浆的一面朝下平稳地浸入室温水中，浸入深度为抹面层厚度，浸入水中并使表面完全湿润。浸泡 24h 后取出用湿毛巾迅速擦去表面水分，称量吸水后的质量 m_b。

（3）试验结果

系统吸水量按式（6.4-1）计算：

$$M = \frac{m_b - m_0}{A}$$
(6.4-1)

式中：M ——系统吸水量，单位为千克每平方米（kg/m²）；

m_b ——试样吸水后的质量，单位为千克（kg）；

m_0 ——试样初始质量，单位为千克（kg）；

A ——试样面积，单位为平方米（m²）。

试验结果以 3 个试验数据的算术平均值表示，精确至 1kg/m²。

3. 抗风压值

（1）试样

1）尺寸和数量：尺寸不小于 2.0m×2.5m，1 个；

2）制作：在混凝土基层墙体上表观密度为 18kg/m³、厚度为 50mm 的膨胀聚苯板上按产品说明书刮抹面胶浆，压入耐碱网布，再用抹面胶浆刮平，抹面层总厚度为 5mm。在试验环境下养护 28d，保温板厚度符合工程设计要求。

（2）试验步骤

1）按工程项目设计的最大负风荷载设计值 W 降低 2kPa，开始循环加压，每增加 1kPa 做一个循环，直至破坏；

2）加压程序及压力脉冲图形见图 6.1-1。

3）有下列现象之一时，即表示试样破坏：

① 保温板断裂；

② 保温板中或保温板与其防护层之间出现分层；

③ 保温层本身脱开；

④ 保温板被从锚栓上拉出；

⑤ 锚栓从基底上拔出；

⑥ 保温板从基层脱离。

（3）试验结果

系统抗风压值 W_d 按式（6.4-2）计算。

$$W_d = \frac{Q C_s C_a}{m}$$
(6.4-2)

式中：W_d ——抗风压值，单位为千帕（kPa）；

Q ——风荷载试验值，单位为千帕（kPa）；

m ——安全系数，薄抹灰外墙外保温系统 $m=1.5$；

C_a ——几何系数，薄抹灰外墙外保温系统 $C_a=1$；

C_s——统计修正系数，按表 6.4-1 选取。

表 6.4-1　薄抹灰外保温系统 C_s 值

粘结面积 B /%	统计修正系数 C_s	粘结面积 B /%	统计修正系数 C_s
$50 \leqslant B \leqslant 100$	1.0	$B \leqslant 10$	0.8
$10 < B < 50$	0.9	—	—

4. 耐候性

（1）试样的制备

1）一组试验的试样数量为 2 个；

2）按薄抹灰外墙外保温系统制造商的要求在混凝土墙体上制作薄抹灰外保温系统模型。每个试验模型沿高度方向均匀分段，第一段只涂抹面胶浆，下面各段分别涂上薄抹灰外墙外保温系统制造商提供的最多 4 种饰面涂料；

3）在墙体侧面粘贴膨胀聚苯板厚度为 20mm 的薄抹灰外保温系统；

4）试样的尺寸如图 6.1-2 所示，并应满足下列条件：

① 面积不小于 6.00m²；

② 宽度不小于 2.50m；

③ 高度不小于 2.00m。

5）在试样距离边缘 0.40m 处开一个 0.40m（宽）×0.60m（高）的洞口，在此洞口上安装窗；

6）试样应至少有 28d 的硬化时间。硬化过程中，周围环境温度应保持在 10~25℃，相对湿度不应小于 50%，并应定时做记录。对抹面胶浆为水泥基材料的系统，为了避免系统过快干燥，可每周一次用水喷洒 5min，使薄抹灰增强防护层保持湿润，在模型安装后第 3 天即开始喷水。硬化过程中，应记录系统所有的变形情况（如：起泡、裂缝等）。

注 1：试验模型的安装细节（材料的用量，板与板之间的接缝位置，锚栓等）均需由试验人员检查和记录。

注 2：膨胀聚苯板必须满足陈化要求。

注 3：可在试验模型的窗角部位做增强处理。

（2）试验步骤

将 2 个试样面对面装配到气候调节箱的两侧。在试样表面测量以下试验周期中的温度。

1）**热/雨周期**

试样需依次经过以下步骤 80 次：将试样表面加热至 70℃（温度上升时间为 1h），保持温度（70±5）℃、相对湿度 10%~15% 2h（共 3h）；

喷水 1h，水温（15±5）℃，喷水量 1.0~1.5L/（m²·min）；静置 2h（干

燥）。

2）热/冷周期

经受上述热/雨周期后的试样在温度 10～25℃、相对湿度不小于 50％的条件下放置至少 48h 后，再根据以下步骤执行 5 个热/冷周期：

在温度为（50±5）℃（温度上升时间为 1h）、相对湿度不大于 10％的条件下放置至少 7h（共 8h）；在温度为（－20±5）℃（降温时间为 2h）的条件下放置 14h（共 16h）。

（3）试验结果

在每 4 个热/雨周期及每个热/冷周期后、均应观察整个系统和抹面胶浆的特性或性能变化（起泡、剥落、表面细裂缝、各层材料间丧失粘结力、开裂等），并做如下记录：

1）检查系统表面是否出现裂缝，若出现裂缝，应测量裂缝尺寸和位置并作记录；

2）检查系统表面是否起泡或脱皮，若有，记录下其位置和大小；

3）检查窗是否有损坏以及系统表面是否有与其相连的裂缝，若有，记录下其位置和大小。

6.4.7　结果评定

检测项目和性能要求，见表 6.4-2。

表 6.4-2　检测项目和性能要求

序号	检测项目		性能要求
1	吸水量/（g/m²），浸水 24h		≤500
2	抗冲击强度级别（J）	普通型（P 型）	≥3.0
		加强型（Q 型）	≥10.0
3	抗风压值/kPa		不小于工程项目的风荷载设计值
4	耐候性		表面无裂纹、粉化、剥落现象

6.5　聚氨酯硬泡外墙外保温系统的检测

6.5.1　适用范围

适用新建、扩建或改建的民用建筑中喷涂和浇注聚氨酯硬泡外墙外保温工程的拉伸粘结强度的检测。

6.5.2　试验标准

(1) CECS 352：2015　聚氨酯硬泡外墙外保温技术规程。
(2) JGJ 144—2004　外墙外保温工程技术规程。

6.5.3　聚氨酯硬泡外墙外保温工程分类

按施工工艺的不同分为两类：
(1) 喷涂聚氨酯硬泡外墙外保温工程；
(2) 浇注聚氨酯硬泡外墙外保温工程。

6.5.4　检测条件

标准试验环境条件为温度（23±2）℃、相对湿度 45％～55％。

6.5.5　检测设备

(1) 10kN 微机控制电子万能试验机，精度 1 级。
(2) 钢直尺：分度值 1mm。
(3) 制样切砖机。

6.5.6　检测方法

1. 喷涂聚氨酯硬泡材料

(1) 大样板的制作应符合下列规定：

1）喷涂法聚氨酯硬泡材料物理性能测试所用的样品，如无特殊说明，均应取自同一施工工艺条件下喷涂在基材水泥板表面上的聚氨酯硬泡保温层大样板，且若无特殊说明，均取芯材进行测试。

2）大样板的尺寸为长×宽×厚＝1200mm×600mm×60mm。样板的制作均用喷涂发泡机进行喷涂，喷涂要均匀、平整，喷涂 3 层（底层不计算在内）。喷涂时喷涂方向和样板的长度方向平行。

3）喷涂完成后的大样板置于温度为（23±2）℃、相对湿度为（50±5）％的环境中熟化 72h，之后进行拉伸粘结强度试验。

(2) 试验步骤

1）使用切割机进行带基材的试样的粗切割。然后使用立式切割机进行二次精制样。制成带基材的试样尺寸为 100mm×100mm×60mm，将不带基材的另一面切平。最后用快速粘结剂在样品的上下面粘上试验用夹具（例如带有吊环的薄铁板）。要保证粘贴均匀，使得粘贴两面平行。

样品数量：5 件。

2）将粘上钢质夹具的试样放置在拉力机上进行拉伸粘结强度测定，拉伸速度(5±1)mm/min。记录每个试样的测试结果及破坏界面。只有破坏界面位于聚氨酯硬泡本体，测试状态才有效。取 5 个有效测试状态下的强度值计算算术平均值。

（3）拉伸粘结强度按式（6.5-1）计算：

$$\sigma_b = \frac{P_b}{A} \tag{6.5-1}$$

式中：σ_b——拉伸粘结强度，单位为兆帕（MPa）；

$\quad\quad P_b$——破坏荷载，单位为牛顿（N）；

$\quad\quad A$——试样面积，单位为平方毫米（mm²）。

试验结果以 5 个试验数据的算术平均值表示。

2. 浇注聚氨酯硬泡材料

（1）大样板的制作应符合下列规定：

1）浇注法聚氨酯硬泡材料物理性能测试所用的样品，如无特殊说明，均应取自同一施工工艺条件下浇注在基材水泥板表面上的聚氨酯硬泡保温层大样板，且若无特殊说明，均取芯材进行测试。

2）大样板的制作应采用浇注机进行浇注。浇注模具应采用具有足够强度和刚度的板材（例如钢板）制作。模具内腔尺寸为长×宽×厚＝1200mm×600mm×60mm。浇注前，应将一块尺寸略小于 1200mm×600mm 的聚氨酯硬泡浇注法施工专用模板置于模具腔内，紧贴模具一侧。为了便于脱模，可在模具腔内未置模板的各内表面贴覆一层塑料薄膜；经过上述处理之后模具内的净尺寸（即大样板的尺寸）应为：1200mm×600mm×60mm（长×宽×厚）。浇注三次后应充满模腔，浇注应均匀平整。

3）大样板制作后应在温度为（23±2）℃、相对湿度为（50±5）％的环境中养护 72h，之后进行拉伸粘结强度试验。

（2）试验步骤

试验步骤与喷涂聚氨酯硬泡材料相同。

（3）结果计算

拉伸粘结强度计算与喷涂聚氨酯硬泡材料相同。

6.5.7 结果评定

聚氨酯硬泡材料拉伸粘结强度应不小于 100kPa。

第7章　建筑节能工程现场检测

7.1　保温板材与基层的粘结强度的测定

7.1.1　检验批

每个验收批抽查不少于3处。

7.1.2　试验标准

（1）JGJ 144—2008　外墙外保温工程技术规程。
（2）JGJ 110—2008　建筑工程饰面砖粘结强度检验标准。

7.1.3　检测设备

（1）一体式粘结强度检测仪：测量范围0～3.75MPa，分辨率0.001kN。
（2）钢直尺：分度值1mm。
（3）胶粘剂：粘结强度大于3.0MPa。

7.1.3　检测方法

（1）养护
混凝土浇筑后28d。
（2）测点选取
1）基层与胶粘剂的粘结强度测点是在每种类型的基层墙体表面上取5处有代表性的部位分别涂胶粘剂或界面砂浆，面积为3～4dm²，厚度为5～8mm。干燥后进行试验，断缝应从胶粘剂或界面砂浆表面切割至基层表面。

2）无网现浇系统粘结强度测点的选取如图7.1-1所示，共测9点。断缝应从保温板表面切割至基层

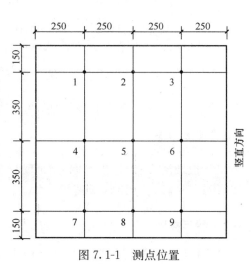

图7.1-1　测点位置

表面。

（3）试验方法

1）试样尺寸为 100mm×100mm，断缝从保温板表面切割至混凝土墙，保温板切割尺寸应与螺纹试块相同。

2）粘结剂硬化前的养护时间，当气温高于 15℃时，不得小于 24h；当气温为 5～15℃时，不得小于 48h。

3）测试前，在螺纹试块上安装带有万向接头的拉杆，然后安装专用穿心式千斤顶，使拉杆通过穿心式千斤顶与螺纹试块垂直。

4）调整千斤顶活塞，使活塞升出 2mm 左右，将仪器显示数值清零，再拧紧拉杆螺母；测试粘结力时，匀速摇动手柄升压直至保温层与基层剥离，并按规定格式记录粘结强度检测仪记录的粘结力峰值，该值即是粘结力值。

5）测试后降压至千斤顶复位，取下拉力杆螺母及拉杆。

6）粘结力检测完毕后，测量试样断开面每对切割边的中部长度（精确至 1mm）作为试样断面边长，并计算断面面积，精确至 1mm²。

7）试验完成后，应把螺纹试块放到电热器上烧熔粘结剂，并将表面粘结剂清理干净。待螺纹试块冷却后，应用 50 号砂纸磨擦表面直至出现光泽后涂上机油。使用前应检查表面，并清除锈迹、油污。

（4）粘结强度计算

1）试样的粘结强度按式（7.1-1）计算。

$$R_i = \frac{X_i}{S_i} \times 10^3 \tag{7.1-1}$$

式中：R_i——第 i 个试样粘结强度，单位为兆帕（MPa），精确至 0.1MPa；

X_i——第 i 个试样粘结力，单位为千牛顿（kN），精确至 0.01kN；

S_i——第 i 个试样断面面积，单位为平方毫米（mm²），精确至 1mm²。

2）每组试样平均粘结强度按式（7.1-2）计算：

$$R_m = \frac{1}{3} \sum_{i=1}^{3} R_i \tag{7.1-2}$$

式中：R_m——每组试样平均粘结强度，单位为兆帕（MPa），精确至 0.1MPa。

7.1.4　性能指标

EPS 板现浇混凝土外保温系统现场检验 EPS 板拉伸粘结强度应不小于 0.12MPa，并且应为 EPS 板破坏。

7.1.5　判定规则

（1）每组试样粘结强度平均值不应小于规定值。

（2）每组可有一个试样的粘结强度小于规定值，但不应小于规定值的 75％。

7.1.6　注意事项

（1）检测时应正确佩戴安全帽，需高空作业时应系好安全带，注意安全。

（2）数字压力表属于精密仪器，使用中应注意防振防湿，连接电缆与插头间不要用力拉动。

（3）当数字压力表显示不全/不清时应及时充电。

7.2　后置锚固件锚固力现场拉拔试验的检测

7.2.1　检验批

每个验收批抽查不少于 3 处。

7.2.2　试验标准

（1）JGJ 145—2013　混凝土结构后锚固技术规程。

（2）DBJ/T 15—35—2004　混凝土后锚固件抗拔和抗剪性能检测技术规程。

（3）JG 149—2003　膨胀聚苯板薄抹灰外墙外保温系统。

（4）JGJ 253—2011　无机轻集料砂浆保温系统技术规程。

7.2.3　检测设备

（1）微型拉拔仪：测量范围 0～10kN，分辨率 0.001kN，精度 ±1％。

7.2.4　检测方法

（1）试验步骤

1）拉拔仪通过油管连接至手动泵，然后将卸荷阀扳到卸压位置，使液压油缸中的液压油排回到手动泵的储油筒中。

2）拧松注油孔盖，以便储油筒内空气排出。

3）将液压油缸与被测锚杆连接好，卸荷阀顺时针拧紧，慢压手动泵使活塞杆伸出约 10mm，安装与锚杆相配套的锚具并固定可靠。

4）打开智能数据处理器，均匀压动手动泵。非破损检验采用连续加载方式时，应以均匀速率在 2～3min 内加载至设定的检验荷载，并持荷 2min。荷载检验值应取 $0.9f_{yk}A_s$ 和 $0.8N_{RK,*}$ 的较小者。破坏性检验采用连续加载方式时，应以均匀速率在 2～3min 内加荷至锚固件破坏。

（2）结果计算

对破坏荷载值进行数理统计分析。假设其为正态分布，计算标准偏差。根据试验数据按式（7.2-1）计算锚栓抗拉承载力标准值 $F_{5\%}$：

$$F_{5\%} = F_{平均} \times (1 - k_s \cdot v) \tag{7.2-1}$$

式中：$F_{5\%}$——单个锚栓抗拉承载力标准值，单位为千牛顿（kN）；

$F_{平均}$——试验数据平均值，单位为千牛顿（kN）；

k_s——系数，$n=5$（试验个数）时，$k_s=3.4$；$n=10$ 时，$k_s=2.568$；$n=15$ 时，$k_s=2.329$；

v——变异系数（试验数据标准偏差与算术平均值的绝对值之比）。

7.2.5 性能指标

结构保温系统锚栓试验项目与技术指标见表 7.2-1。

表 7.2-1 结构保温系统锚栓试验项目与技术指标

保温系统	试验项目	技术指标
膨胀聚苯板薄抹灰	单个锚栓抗拉承载力标准值/kN	≥0.30
无机轻集料砂浆	单个锚栓抗拉承载力标准值/kN（C25 混凝土基层）	≥0.60
	单个锚栓抗拉承载力标准值/kN（其他砌体）	≥0.30

7.2.6 判定规则

（1）试样在加载至设定的检验荷载期间锚固件无滑移、塑料圆盘无变形、破坏，应评定为合格。

（2）一个检验批所抽取的试样全部合格时，该检验批应评定为合格。

（3）一个检验批中不合格的试样不超过 5% 时，应另抽 3 根试样进行破坏性检验。若检测结果全部不小于 1.2 倍检验荷载（抗拉承载力的标准值），该检验批应判定为合格。

（4）一个检验批中不合格的试样超过 5% 时，该检验批应判定为不合格，且不应复检。

7.3 外墙外保温工程饰面砖粘结力现场拉拔试验的检测

7.3.1 检验批

带饰面砖预制墙板，同类型每 1000m² 为一批，每批取 1 组，每组应为 3 块板；现场粘贴饰面砖，每 1000m² 同类墙体为 1 批，每批取 1 组 3 个试件，每相邻的 3 个楼层至少取 1 组。

7.3.2　试验标准

JGJ 110—2008　建筑工程饰面砖粘结强度检验标准。

7.3.3　检测设备

（1）粘结强度检测仪：测量范围 0～3.75MPa，分辨率 0.001kN。

（2）标准块：规格为 95mm×45mm×8mm 或 40mm×40mm×8mm。

（3）钢直尺：分度值 1mm。

（4）胶粘剂：粘结强度大于 3.0MPa。

（5）石材切割机。

7.3.4　检测方法

（1）试验前准备

1）断缝的湿切宜在粘结强度的检验前 2d 至 3d 进行，也可现场进行干切。

2）断缝应从饰面砖表面切割至基体表面，深度应一致。

3）饰面砖切割尺寸应与标准块相同，其中两道相邻切割线应沿饰面砖灰缝切割。

（2）试验步骤

1）检测人员进入检测现场，应认真检查现场条件是否满足检测要求，查看图纸，核对检测位置是否与图纸一致；需进行高空作业时，还要检查是否具备足够的安全条件。

2）按下列要求粘贴标准块：

① 清除饰面砖表面污渍并保持干燥。如需用现场干切的方法断缝，注意干切完成后要清理干净饰面砖表面的粉尘。

② 粘结剂应随用随配，按比例搅拌均匀，涂布在标准块上，涂层厚度应均匀一致，且不得大于 1mm。

③ 在断缝后的饰面砖上粘贴标准块，注意不要使粘结剂沾污相邻面砖。

④ 标准块粘贴后应及时用胶带或其他方法固定位置，直至粘结剂固化。

3）标准块和饰面砖粘贴完成后，在标准块上安装带有万向接头的拉力杆。

4）安装专用穿心式千斤顶，使拉力杆通过穿心式千斤顶中心与标准块垂直。

5）调整千斤顶活塞，使活塞升出 2mm 左右，将数字显示器调零，再拧紧拉力杆螺母。

6）测试饰面砖粘结力时，匀速摇转手柄升压，直至饰面砖剥离，记录粘结强度检测仪的数字显示峰值，该值即是粘结力值。

7）测试后降压至千斤顶复位，取下拉力杆螺母及拉杆。

8）饰面砖粘结力检测完毕，应按受力破坏的性质及标准确定破坏状态并作记录。当破坏状态为粘结剂与饰面砖界面断开或者饰面砖为主断开且粘结强度小于标准平均值要求时，应分析原因并重新选点测试。

9）标准块处理应按下列要求进行：

① 粘结力测试完毕。应把标准块放到电热器（一般用 3kW 电炉）上烧熔粘结剂，并将表面粘结剂清理干净。

② 待标准块冷却后，用 50 号砂纸磨擦表面至出现光泽。

③ 将标准块放置在干燥处，使用前应检查表面，并清除锈迹、油污。

10）结果计算

① 单个试样的粘结强度按式（7.3-1）计算：

$$R_i = \frac{X_i}{S_i} \times 10^3 \qquad\qquad (7.3\text{-}1)$$

式中：R_i——第 i 个试样粘结强度，单位为兆帕（MPa），精确至 0.1MPa；

$\quad\quad X_i$——第 i 个试样粘结力，单位为千牛顿（kN），精确至 0.01kN；

$\quad\quad S_i$——第 i 个试样断面面积，单位为平方毫米（mm²），精确至 1mm²。

② 每组试样平均粘结强度应按式（7.3-2）计算：

$$R_m = \frac{1}{3}\sum_{i=1}^{3} R_i \qquad\qquad (7.3\text{-}2)$$

式中：R_m——每组试样平均粘结强度，单位为兆帕（MPa），精确至 0.1MPa。

$\quad\quad R_i$——第 i 个试样粘结强度，单位为兆帕（MPa），精确至 0.1MPa。

7.3.4 性能指标及判定规则

（1）在建筑物外墙上镶贴的同类饰面砖，其粘结强度同时符合以下两项指标时可定为合格：

1）每组试样平均粘结强度不应小于 0.4MPa。

2）每组可有一个试样的粘结强度小于 0.4MPa，但不应小于 0.3MPa。

当两项指标均不符合要求时，其粘结强度应定为不合格。

（2）与预制构件一次成型的外墙饰面砖，其粘结强度同时符合以下两项指标时可定为合格：

1）每组试样平均粘结强度不应小于 0.6MPa。

2）每组可有一个试样的粘结强度小于 0.6MPa，但不应小于 0.4MPa。

当两项指标均不符合要求时，其粘结强度应定为不合格。

（3）当一组试样只满足第（1）或第（2）条中的一项指标时，应在该试样原取样区域内重新抽取双倍试样复验。若复验结果仍有一项指标达不到规定数值，则该批饰面砖粘结强度可定为不合格。

7.3.5　注意事项

（1）检测时应正确佩戴安全帽，需高空作业时应系好安全带，注意安全。

（2）数字压力表属于精密仪器，使用中应注意防振防湿，连接电缆与插头间不要用力拉动。

（3）当数字压力表显示不全/不清时应及时充电。

7.4　外墙节能构造现场钻芯的检测

7.4.1　检验批

单位工程每种节能保温做法至少取 3 个芯样。取样部位宜均匀分布，不宜在同一房间外墙上取 2 个或 2 个以上芯样。

7.4.2　试验标准

SZJG 31—2010　建筑节能工程施工验收规范。

7.4.3　检测设备

（1）钻芯取样机：空心钻头直径 $\phi 60 \sim 130$ mm。

（2）钢直尺：分度值 1mm。

7.4.4　检测方法

（1）采用空心钻头，从保温层一侧钻取直径 70mm 的芯样。钻取芯样深度为钻取保温层到达结构层或基层表面，必要时也可钻透墙体。

当外墙的表层坚硬不易钻透时，也可局部剔除坚硬的面层后钻取芯样。但钻取芯样后应恢复原有的表面装饰层。

（2）钻取芯样时应尽量避免冷却水流入墙体或屋面保温层内及污染墙面。从空心钻头中取出芯样时应谨慎操作，以保持芯样完整。当芯样严重破损难以准确判断节能做法或保温层厚度时，应重新取样检验。

（3）对钻取的芯样，应按照下列规定进行检查：

1）对照设计图纸观察、判断保温材料种类是否符合设计要求，必要时也可采用其他方法加以判断；

2）用分度值为 1mm 的钢直尺，在垂直于芯样表面（外墙面）的方向上量取保温层厚度，精确至 1mm；

　　3）观察或剖开检查保温层构造做法是否符合设计和施工方案要求。

7.4.5　性能指标及判定规则

　　（1）在垂直于芯样表面（外墙面）的方向上实测芯样保温层厚度。当实测厚度的平均值达到设计厚度的 95％ 及以上且最小值不低于设计厚度的 90％ 时，应判定保温层厚度符合设计要求；否则，应判定保温层厚度不符合设计要求。

　　（2）当取样检验结果不符合设计要求时，应委托具备检测资质的见证检测单位增加一倍数量再次取样复检。仍不符合设计要求时，应判定围护结构节能做法不符合设计要求。

7.4.6　取样部位的修补

　　外墙取样部位的修补，可采用聚苯乙烯板或其他保温材料制成圆柱形塞填充并用建筑密封胶密封。修补后宜在取样部位挂贴注有"外墙节能构造现场钻芯检测点"的标志牌。

7.5　风管和风管系统的严密性和漏风量的测定

7.5.1　检验批

单位工程按总数量抽检 20％，且不少于 1 个系统。

7.5.2　试验标准

　　（1）GB 50243—2002　通风与空调工程施工质量验收规范。
　　（2）JGJ 141—2004　通风管道施工技术规程。

7.5.3　检测设备

　　（1）不低于 100W 且带保护罩的低压照明灯或其他低压光源。
　　（2）漏风量专用测试装置一套，包括高速风机、变频调速系统、流量管及倾斜式微压计、杯型压力计等部分，其主要参数如下：
　　1）测试漏风量范围：3～132L/s；
　　2）测试压力范围：0～2000Pa；
　　3）电机转速：0～10000r/min；
　　4）精度：5％。

7.5.4　检测方法

（1）漏光法检测

1）漏光法检测是采用光线对小孔的强穿透力，对系统风管严密程度进行检测的方法。

2）检测采用具有一定强度的安全光源，光源可采用不低于100W且带保护罩的低压照明灯或其他低压光源。

3）系统风管漏光检测时，其光源可置于风管内侧或外侧，但相对侧应为暗黑环境。检测光源应沿被检测部位与接缝做缓慢移动，在另一侧进行观察，当发现有光线射出，则说明查到明显漏光部位，并做好记录。

4）系统风管宜采用分段检测、汇总分析的方法，被检测系统风管不应有多处条缝形的明显漏光。当采用漏光点不应超过2处，且100m接缝平均不应大于16处；中压系统风管每10m接缝，漏光点不应超过1处，且100m接缝平均不应大于8处为合格。

5）漏光检测中发现的条缝隙形漏光，应进行密封处理。

（2）漏风量测试

1）测试装置总体要求

① 漏风量测试装置可采用风管式或风室式。风管式测试装置采用孔板作计量元件；风室式测试装置采用喷嘴作计量元件。

② 漏风量测试装置的风机，其风压和风量应选择大于被测定系统或设备的规定试验压力及最大允许漏风量的1.2倍。

③ 漏风量测试装置试验压力的调节，可采用调整风机转速的方法，也可采用控制节流器开度的方法。漏风量值必须在稳定条件下测得。

④ 漏风量测试装置的压差测定采用微压计，其最小分格不大于1.6Pa。

2）风管式漏风量测试装置

① 风管式漏风量测试装置由风机、连接风管、测压仪器、整流栅、节流器和标准孔板等组成。

② 采用角接取压的标准孔板。孔板β值范围为$0.22\sim0.7$（$\beta=d/D$）；孔板至前、后整流栅及整流栅外直管段距离，应分别符合大于10倍和5倍圆管直径D的规定。

③ 连接风管均为光滑圆管。孔板至上游$2D$范围内其圆度允许偏差为0.3%；下游为2%。

④ 孔板与风管连接，其前端与管道轴线垂直度允许偏差为1°；孔板与风管同心度允许偏差为$0.015D$。

⑤ 按式（7.5-1）计算漏风量：

$$Q = 3600\varepsilon \cdot \alpha \cdot A_n \sqrt{\frac{2}{\rho}\Delta P} \tag{7.5-1}$$

式中：Q——漏风量，单位为立方米每小时（m^3/h）；

　　　ε——空气流束膨胀系数；

　　　α——孔板的流量系数；

　　　A_n——孔板开口面积，单位为平方米（m^2）；

　　　ρ——空气密度，单位为千克每立方米（kg/m^3）；

　　　ΔP——孔板差压，单位为帕（Pa）。

3）风室式漏风量测试装置

① 风室式漏风量测试装置由风机、连接风管、测压仪器、均流板、节流器、风室、隔板和喷嘴等组成。

② 将标准长颈喷嘴安装在隔板上，数量可为单个或多个。两个喷嘴之间的中心距离不得小于较大喷嘴喉部直径的 3 倍；任一喷嘴中心到风室最近侧壁的距离不得小于其喷嘴喉部直径的 1.5 倍。

③ 风室的断面面积不应小于被测定风量按断面平均速度小于 0.75m/s 时的断面积。

④ 风室中喷嘴两端的静压取压接口应为多个且均布于四壁。静压取压接口至喷嘴隔板的距离不得大于最小喷嘴喉部直径的 1.5 倍。然后，并联成静压环，再与测压仪器相接。

⑤ 测定漏风量时，通过喷嘴喉部的流速应控制在 15～35m/s 范围内。

⑥ 按式（7.5-2）、式（7.5-3）计算单个和多个喷嘴漏风量。

$$Q_n = 3600C_d \cdot A_d \sqrt{\frac{2}{\rho}\Delta P} \tag{7.5-2}$$

$$Q = \sum Q_n \tag{7.5-3}$$

式中：Q_n——单个喷嘴漏风量，单位为立方米每小时（m^3/h）；

　　　Q——多个喷嘴漏风量，单位为立方米每小时（m^3/h）；

　　　C_d——喷嘴的流量系数；

　　　A_d——喷嘴的喉部面积，单位为平方米（m^2）；

　　　ΔP——喷嘴前后的静压差，单位为帕（Pa）。

4）测试步骤

① 正压或负压系统风管与设备的漏风量测试，分正压试验和负压试验两类。一般可采用正压条件下的测试来检验。

② 系统漏风量测试可以整体或分段进行。测试时，被测系统的所有开口均应封闭，不应漏风。

③ 被测系统的漏风量超过设计和相关规范的规定时，应查出漏风部位（可

用听、摸、观察、水或烟检漏），做好标记；修补完工后，重新测试，直至合格。

④ 漏风量测定值一般应为规定测试压力下的实测数值。特殊条件下，也可用相近或大于规定压力下的测试代替，其漏风量可按式（7.5-4）换算：

$$Q_0 = Q(P_0/P)^{0.65} \tag{7.5-4}$$

式中：P_0——规定试验压力，单位为帕（Pa）。$P_0 = 500$Pa；

Q_0——规定试验压力下的漏风量，单位为立方米每小时平方米 [m^3/（h·m^2)]；

P——风管工作压力，单位为帕（Pa）；

Q——工作压力下的漏风量，单位为立方米每小时平方米 [m^3/（h·m^2)]。

7.5.5 性能指标及判定规则

矩形风管允许漏风量、圆形风管允许漏风量应分别符合表 7.5-1、表 7.5-2 的规定。

表 7.5-1 金属矩形风管允许漏风量

压力 P	允许漏风量 [m^3/（h·m^2)]
低压系统风管（$P \leqslant 500$Pa）	$\leqslant 0.1056P^{0.65}$
中压系统风管（500Pa$<P \leqslant 1500$Pa）	$\leqslant 0.0352P^{0.65}$
高压系统风管（1500Pa$<P \leqslant 3000$Pa）	$\leqslant 0.0117P^{0.65}$

表 7.5-2 圆形风管允许漏风量

压力 P	允许漏风量 [m^3/（h·m^2)]
低压系统风管（$P \leqslant 500$Pa）	$\leqslant 0.0528P^{0.65}$
中压系统风管（500Pa$<P \leqslant 1500$Pa）	$\leqslant 0.0176P^{0.65}$
高压系统风管（1500Pa$<P \leqslant 3000$Pa）	$\leqslant 0.0117P^{0.65}$

满足以上要求则为合格，否则必须找出漏风部位，做好标记，修补完工后，重新测试，直至合格。

7.6 风管系统总风量、风口风量的测定

7.6.1 检验批

单位工程按系统总数量抽检 10％，且不少于 1 个系统。

7.6.2 试验标准

（1）GB 50243—2016　通风与空调工程施工质量验收规范

（2）JGJ 141—2004　通风管道施工技术规程

7.6.3 检测设备

热球式风速仪，其主要参数如下：

1）测量范围：0.05～30m/s；

2）测量精度：≤3%（满量程）；

3）反应时间：≤3s。

7.6.4 检测方法

（1）对于单向流洁净室，采用室截面平均风速和截面积乘积的方法确定送风量。以离高效过滤器0.3m、垂直于气流的截面作为采样测试截面，截面上测点间距不宜大于0.6m，测点数不应少于5个，以所有测点风速读数的算术平均值作为平均风速。

（2）对于非单向流洁净室，采用风口法或风管法确定送风量，做法如下：

1）风口法是在安装有高效过滤器的风口处，通过风口开头连接辅助风管进行测量，即用镀锌钢板或其他不产尘材料做成与风口开头及内截面相同、长度等于2倍风口长边长的直管段，连接于风口外部。在辅助风管出口平面上，按最少测点数不少于6点均匀布置，使用热球式风速仪测定各测点之风速。然后，以求取的风口截面平均风速乘以风口净截面积求取测定风量。

2）对于风口上风侧有较长的支管段，且已经或可以钻孔时，可以用风管法确定风量。测量断面应位于大于或等于局部阻力部件前3倍管径或长边长，局部阻力部件后5倍管径或长边长的部位。

① 对于矩形风管，是将测定截面分割成若干个相等的小截面。每个小截面尽可能接近正方形，边长不应大于200mm，测点应位于小截面中心，整个截面上的测点数不宜少于3个。

② 对于圆形风管，应根据管径大小，将截面划分成若干个面积相同的同心圆环，每个圆环测4点。根据管径确定圆环数量，不宜少于3个。

7.6.5 性能指标及判定规则

各风口的风量≤15%允许偏差或规定值；

通风与空调系统的总风量≤10%允许偏差或规定值。

7.7　空调机组的水流量及空调系统冷热水、冷却水总流量的测定

7.7.1　检验批

空调机组的水流量按单位工程系统总数量抽检10%，且不少于1台，按照近端、中间区域和远端均布的原则抽样。

空调系统冷热水、冷却水总流量全数检测。

7.7.2　试验标准

(1) GB 50243—2016　通风与空调工程施工质量验收规范。

(2) GB/T 14294—2008　组合式空调机组。

(3) CJ/T 3063—1997　给排水用超声流量计（传播速度差法）。

7.7.3　检测设备

夹装式超声波流量计，其主要参数如下：

1) 测速范围：0～12m/s；

2) 灵敏度：0.0003m/s；

3) 重复性：0.1%。

7.7.4　检测方法

(1) 测量点选择原则

为保证空调水流量测量精度，选择测量点时要求选择流体流场均匀的部分，一般应遵循下列原则：

1) 被测管道内流体必须是满管。

2) 选择被测管道的材质应均匀质密，易于超声波传播，如垂直管段（流体由下向上）或水平管段（整个管路中最低处为好）。

3) 安装距离应选择上游大于10倍直管径，下游大于5倍直管径（注：不同仪器要求的距离会有所不同，具体距离以使用的仪器说明书为准）以内无任何阀门、弯头、变径等均匀的直管段，测量点应充分远离阀门、泵、高压电、变频器等干扰源。

4) 充分考虑管内结垢状况，尽量选择无结垢的管段进行测量。

(2) 测量操作步骤

1) 了解现场情况，确定空调水流量测点位置。测量前应了解现场情况，包

括：管道材质、管壁厚度及管径；流体类型、是否含有杂质、气泡以及是否满管；安装现场是否有干扰源（如变频、强磁场等）。根据现场了解的情况，结合上述"测量点选择原则"确定水流量测点最佳位置。

2）用绳子和尺测量测点处管道外径，用超声波测厚仪测量管道壁厚。

3）确定传感器安装方式。

4）将管道参数输入，选择传感器安装方式，确定传感器位置，得出安装距离。

5）测量点处管道表面处理。

6）传感器与仪表接线。

7）微调传感器位置。观察流量计仪表的信号强度、信号质量度、信号传输时间差与传输时间比等参数值，如发现不符合规定，则细微调整探头位置；如无法调整，则需要改换合适的安装方式。传感器位置调整好以后，用所配卡具将传感器固定好。

8）再次确认信号强度、信号质量度、信号传输时间差与传输时间比等参数值符合规定要求，即可重读取实际流量值。

7.7.5　性能指标及判定规则

空调机组的水流量≤20％允许偏差或规定值；

空调系统冷热水、冷却水总流量≤10％允许偏差或规定值。

7.8　室内温度的测定

7.8.1　检验批

居住建筑每户抽测卧室或居室 1 间，其他建筑按房间总数抽测 10％。

7.8.2　试验标准

GB/T 18204.13—2000　公共场所空气温度测定方法。

7.8.3　检测设备

数显温度计，其主要参数如下：

1）测量范围：－40～＋90℃；

2）最小分辨率：0.1℃；

3）测量精度：±0.5℃。

7.8.4　检测方法

（1）测量点的确定和要求

1）室内面积不足 16m²，测室中央一点；16m² 以上但不足 30m² 测二点（居室对角线三等分，其二个等分点作为测点）；30m² 以上但不足 60m² 测三点（居室对角线四等分，其三个等分点作为测点）；60m² 以上测五点（二对角线上梅花设点）。

2）测点离地面高度 0.8～1.6m，应离开墙壁和热源不小于 0.5m。

（2）测量操作步骤

1）打开电池盖，装上电池，将传感器插入插孔。

2）测量气温感温元件，离墙壁不得小于 0.5m。

3）将传感器头部置于欲测温度部位，并将开关置于"开"的位置。

4）待显示器所显示的温度稳定后，即可读出温度值。

5）测温结束后，立即将开关关闭。

7.8.5　性能指标及判定规则

冬季不得低于设计计算温度 2℃，且不应高于 1℃；夏季不得高于设计计算温度 2℃，且不应低于 1℃。

7.9　低压配电电源质量（含供电电压偏差、公共电网谐波电压、谐波电流、三相电压不平衡度）的测定

7.9.1　检验批

全数检测。

7.9.2　试验标准

（1）GB/T 15543—2008　电能质量三相电压不平衡。

（2）GB/T 14549—1993　电能质量公用电网谐波。

（3）GB 50303—2015　建筑电气工程施工质量验收规范。

7.9.3　检测设备

（1）三相电流不平衡度测试仪，主要技术参数如下：

1）电流输入：钳形互感器 0～200A 标配（根据需要可选配 500A、1000A）；

2）存储间隔：1～99min；

3) 工作电压：85～265V；

4) 工作频率：45～55Hz；

5) 精度：1.0级。

(2) 三相谐波分析仪，主要技术指标如下：

1) 测量范围：45～55Hz；

2) 测量误差：≤0.02Hz；

3) 输入电压量程：10～450V；

4) 输入电流量程：5A，其他量程可以根据需要选配；

5) 谐波电压和电流之间相位差的测量误差：≤0.5°；

6) 谐波电压含有率测量误差：≤0.1%；

7) 谐波电流含有率测量误差：≤0.2%；

8) 三相电压不平衡度误差：≤0.2%；

9) 电压偏差误差：≤0.2%。

7.9.4 检测方法

(1) 谐波的测量

1) 谐波电压或电流测量应选择在电网正常供电时可能出现的最小运行方式，且应在谐波源工作周期中产生的谐波量大的时段内进行。

当测量点附近安装有电容器组时，应在电容器组的各种运行方式下进行测量。

2) 测量的谐波次数一般为第2到第19次，根据谐波源的特点或测试分析结果，可以适当变动谐波次数测量的范围。

3) 对于负荷变化快的谐波源，测量的间隔时间不大于2min，测量次数应满足数理统计的要求，一般不少于30次。

对于负荷变化慢的谐波源，测量间隔和持续时间不作规定。

4) 谐波测量的数据应取测量时段内各相实测量值的95%概率值中最大的一相值，作为判断谐波是否超过允许值的依据。

但对负荷变化慢的谐波源，可选五个接近的实测值，取其算术平均值。

(2) 不平衡度的测量

1) 测量条件

测量应在电力系统正常运行的最小方式（或较小方式）下，不平衡负荷处于正常、连续工作状态下进行，并保证不平衡负荷的最大工作周期包含在内。

2) 测量时间

对于电力系统的公共连接点，测量持续时间取一周（168h），每个不平衡度负荷的测量间隔可为1min的整数倍；对于波动负荷，可取正常工作日24h持续测量，每个不平衡度的测量间隔可为 1min。

　　3）测量取值

　　对于电力系统的公共连接点，供电电压负序不平衡度测量值的 10min 均方根值的 95％概率大值不大于 2％，所有测量值中的最大值不大于 4％。对于日波动不平衡负荷，供电电压负序不平衡度测量值的 1min 均方根值的 95％概率大值不大于 2％，所有测量值中的最大值不大于 4％。

　　对于日波动不平衡负荷也可以时间取值：日累计大于 2％的时间不超过 72min，且每 30min 中大于 2％的时间不超过 5min。

7.9.5　性能指标及判定规则

　　工程安装完成后应对低压配电系统进行调试，调试合格后应对低压配电电源质量进行检测。其中：

　　（1）供电电压允许偏差：三相供电电压允许偏差为系统标称电压的 ±7％；单相 220V 为 ＋7％、－10％；

　　（2）公共电网谐波电压限值为：380V 的电网标称电压，电压总谐波畸变率为 5％，奇次（3～25 次）谐波含有率为 4％，偶次（2～24 次）谐波含有率为 2％；

　　（3）谐波电流不应超过表 7.9-1 中规定的允许值；

　　（4）三相电压不平衡度允许值为 2％，短时不得超过 4％。

表 7.9-1　谐波电流允许值

标准电压（kV）	基准短路容量（MVA）	谐波次数及谐波电流允许值/A											
		2	3	4	5	6	7	8	9	10	11	12	13
		78	62	39	62	26	44	19	21	16	28	13	24
0.38	10	谐波次数及谐波电流允许值/A											
		14	15	16	17	18	19	20	21	22	23	24	25
		11	12	9.7	18	8.6	16	7.8	8.9	7.1	14	6.5	12

附　　录

深圳市建筑节能工程施工验收规范（节选）

1　总则

1.0.1　为贯彻国家、广东省及深圳市的节能政策，加强民用建筑节能工程的施工质量管理，统一施工和验收方法，制订本规范。

1.0.2　本规范适用于深圳市范围内的新建、改建和扩建的民用建筑节能工程及按民用建筑节能标准设计的工业建筑、轨道交通工程等其他工程的施工质量控制及验收。

1.0.3　民用建筑节能工程中采用的技术文件、承包合同等对工程质量控制及验收要求不得低于本规范的规定。

1.0.4　在民用建筑节能工程质量控制及验收中除应遵守本规范外，尚应执行国家标准《建筑工程施工质量验收统一标准》GB 50300、《建筑节能工程施工质量验收规范》GB 50411以及国家、广东省、深圳市的各专业工程施工质量验收标准的规定。

1.0.5　单位工程的竣工验收应在建筑节能分部工程验收合格后进行。

2　术语

2.0.1

　　建筑节能工程　building energy efficiency engineering

　　为降低建筑使用能耗所进行的建筑施工、安装及检测调试等工程。

2.0.2

　　围护结构　building envelope

　　建筑物各面分隔室内外的围挡物，如墙体、屋面、地面、门窗和幕墙等。

2.0.3

　　导热系数（λ）　thermal conductivity

　　在稳态传热条件下，1m厚的匀质材料板，两侧表面温差为1K时，单位时间（1s）内通过单位面积传递的热量，单位：W/（m·K）。

2.0.4

围护结构传热系数（*K*）　overall heat transfer coefficient of building enve-lope

在稳态条件下，围护结构两侧环境温度差为 1K 时，在单位时间（1s）内通过单位面积围护结构的传热量，单位：W/（m² · K）。

2.0.5

太阳辐射吸收系数（*ρ*）　absorptance coefficient of solar radiation

围护结构表面吸收的太阳辐射热与其所接受到的太阳辐射照度之比。

2.0.6

压缩强度　compressive strength

相对形变小于 10％时的最大压缩力与初始横截面积的比值。

2.0.7

太阳反射比　solar reflectance

物体反射到半球空间的太阳辐射通量与入射在物体表面上的太阳辐射通量的比值。

2.0.8

半球发射率　hemisphcrical emittance

一个发射源在半球方向上的辐射出射度与具有同一温度的黑体辐射源的辐射出射度的比值。

2.0.9

热反射隔热涂料　reflective thermal insulating coatings

具有较高太阳反射比和较高红外发射率的涂料。

2.0.10

热绝缘系数　coefficient of thermal insulation

表征围护结构本身或其中某层材料阻抗传热能力的物理量，为材料厚度与导热系数的比值，单位：m² · K/W。

2.0.11

保温浆料　insulating mortar

由胶结材料与其他保温轻骨料组配，使用时按比例加水搅拌混合而成的浆料。

2.0.12

贴膜玻璃　film mounted glass

贴有有机薄膜的玻璃制品。

2.0.13

凸窗　bay window

位置凸出外墙外侧的窗。

2.0.14

外门窗 outside doors and windows

建筑围护结构上有一个面与室外空气接触的门或窗。

2.0.15

玻璃遮阳系数 shading coefficient

透过窗玻璃的太阳辐射得热与透过标准 3mm 透明窗玻璃的太阳辐射得热的比值。

2.0.16

可见光透射比 visible transmittance

采用人眼视见函数进行加权，标准光源（380～780nm）透过玻璃、门窗或幕墙成为室内的可见光通量与投射到玻璃、门窗或幕墙上的可见光通量的比值。

2.0.17

透明幕墙 transparent curtain wall

可见光可直接透射入室内的幕墙。

2.0.18

名义工况制冷性能系数（COP） refrigerating coefficient of performance

在名义工况下，制冷压缩机的制冷量与压缩机所消耗的功率之比。

2.0.19

名义工况设备能效比（EER） energy efficiency ratio

在名义工况下，空调设备的制冷量与该设备所消耗的功率之比。

2.0.20

输送能效比（ER） ratio of axial power to transferied heat quanity

空调冷热水循环水泵在设计工况点的轴功率，与所输送的显热交换量的比值。

2.0.21

风机的单位风量耗功率（Ws） power consumption of unit air volume of fan

空调和通风系统输送单位风量的风机耗功量，单位：$W/(m^3/h)$。

2.0.22

太阳能热水系统 solar water heating system

将太阳能转换成热能用来加热水的装置。通常包括太阳能集热器、贮水箱、泵、连接管道、支架、控制系统和必要时配合使用的辅助能源。

2.0.23

太阳能集热器 solar collector

吸收太阳辐射并将产生的热能传递到传热工质的装置。

2.0.24

照明功率密度（LPD）　lighting power density

单位面积上的照明安装功率（包括光源、镇流器或变压器），单位：W/m^2。

2.0.25

灯具效率　luminaire efficiency

在相同的使用条件下，灯具发出的总光通量与灯具内所有光源发出的总光通量之比。

2.0.26

总谐波畸变率（THD）　total harmonic distortion

周期性交流量中的谐波含量的均方根值与其基波分量的均方根值之比（用百分数表示）。

2.0.27

不平衡度 ε　unbalance factor ε

指三相电力系统中三相不平衡的程度，用电压或电流负序分量与正序分量的均方根值百分比表示。

2.0.28

进场验收　site acceptance

对进入施工现场的材料、设备等进行外观质量检查和规格、型号、技术参数及质量证明文件核查并形成相应验收记录的活动。

2.0.29

进场复验　site reinspection

进入施工现场的材料、设备等在进场验收合格的基础上，按照有关规定从施工现场抽取试样送至有相应资质的检测机构进行部分或全部性能参数检验的活动。

2.0.30

见证取样送检　evidential test

施工单位在监理工程师或建设单位代表见证下，按照有关规定从施工现场随机抽取试样，送至有见证检测资质的检测机构进行检测的活动。

2.0.31

现场实体检验　in-situ inspection

在监理工程师或建设单位代表见证下，对已经完成施工作业的分项或分部工程，按照有关规定在工程实体上抽取试样，在现场进行检验或送至有见证检测资质的检测机构进行检验的活动。简称实体检验或现场检验。

2.0.32

质量证明文件　quality proof document

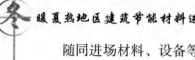

随同进场材料、设备等一同提供的能够证明其质量状况的文件。通常包括出厂合格证、中文说明书、型式检验报告及相关性能检测报告等。进口产品应包括出入境商品检验合格证明。适用时，也可包括进场验收、进场复验、见证取样检验和现场实体检验等资料。

2.0.33

核查 check

对技术资料的检查及资料与实物的核对。包括：对技术资料的完整性、内容的正确性、与其他相关资料的一致性及整理归档情况的检查，以及将技术资料中的技术参数等与相应的材料、构件、设备或产品实物进行核对、确认。

2.0.34

型式检验 type inspection

由生产厂家委托有资质的检测机构，对定型产品或成套技术的全部性能及其适用性所作的检验。其报告称型式检验报告。通常在工艺参数改变、达到预定生产周期或产品生产数量时进行。

2.0.35

热桥 thermal bridges

热桥以往又称冷桥，现统一定名为热桥。热桥是指在建筑围护结构中的一些部位，在室内外温差作用下，形成热流相对集中的区域。

2.0.36

综合部分负荷性能系数（IPLV） integrated part load value

用一个单一数值表示的空气调节用冷水机组的部分负荷效率指标，它基于机组部分负荷时的性能系数值、按机组在各种负荷下运行时间的加权因素，通过计算获得。

3 基本规定

3.1 一般规定

3.1.1 承担建筑节能工程施工的企业及检测机构应具备相应的资质并建立相应的质量保证体系。

3.1.2 设计变更不得降低建筑节能标准。当设计变更涉及建筑节能效果时，应经原施工图设计审查机构审查，在实施前应办理设计变更手续，并获得监理或建设单位的确认。

3.1.3 建筑节能工程使用的材料、设备和构件必须符合设计要求及国家、广东省及深圳市有关标准的规定。严禁使用国家、广东省及深圳市明令禁止和淘汰的材料和设备。

3.1.4 建筑节能工程中采用的新技术、新设备、新材料、新工艺，应在市建设主管部门的组织下进行评审、鉴定及备案。

施工前应对新的或首次采用的施工工艺进行评价，制订专门的施工技术方案。

3.1.5 材料和设备进场验收应遵守下列规定：

1 对材料和设备的品种、规格、数量、包装、外观和尺寸等进行检查验收，并应经监理工程师（建设单位代表）确认，形成相应的验收记录。

2 对材料和设备的质量证明文件进行核查，并应经监理工程师（建设单位代表）确认，纳入工程技术档案。进入施工现场用于节能工程的材料和设备均应具有出厂合格证、中文说明书及相关性能检测报告；定型产品和成套技术应有有效期内的型式检验报告，进口材料和设备应按规定进行出入境商品检验。

3 对材料和设备应按照本规范附录 A 及各章的规定在施工现场抽样复验。复验应为见证取样送检。

3.1.6 型式检验应包括产品标准的全部项目，项目内容与指标不应低于设计图纸及附录 A 的要求，外墙外保温系统应包括系统的安全性与耐候性检验。

3.1.7 建筑节能工程所使用材料的燃烧性能等级和阻燃处理，应符合设计要求和现行国家标准《高层民用建筑设计防火规范》GB 50045、《建筑内部装修设计防火规范》GB 50222 和《建筑设计防火规范》GB 50016 的规定。

3.1.8 建筑节能工程使用的材料应符合国家现行有关标准对材料有害物质限量的规定，不得对室内外环境造成污染。

3.1.9 节能保温材料在施工使用时的含水率应符合设计要求、工艺要求及施工技术方案要求。当无上述要求时，节能保温材料在施工使用时的含水率不应大于正常施工环境湿度下的自然含水率，否则应采取降低含水率的措施。

3.1.10 当建筑节能工程采用本规范未列出的其他材料、设备、工艺或做法时，应符合下列规定：

1 所采用的保温材料，应符合本规范第 3.1.3 条的规定；

2 施工工艺或做法，应符合设计文件要求和经审批的施工技术方案的要求；

3 节能工程的施工质量，应符合本规范相关章节的规定。

3.1.11 既有建筑节能改造工程必须确保建筑物的结构安全和主要使用功能。当涉及主体和承重结构改动或增加荷载时，必须由原设计单位或具备相应资质的设计单位对既有建筑结构的安全性进行核验、确认。

3.2　质量控制与验收

3.2.1 建筑节能工程应按照经审查合格的设计文件和经审查批准的施工方案施工。

3.2.2 建筑节能工程现场质量控制应符合下列要求：

1 建筑节能工程采用的材料、设备和构件等应符合设计要求，现场抽样复验合格。

2 墙体及屋面节能工程的施工应在基层质量验收合格后进行。

3 各工序应按施工技术标准进行质量控制，每道工序完成后，应进行检查，工序之间应进行交接检查。

4 隐蔽工程完成后应由施工单位通知有关单位进行验收，并做好隐蔽工程验收记录。隐蔽工程验收应有详细的文字记录和必要的图像资料。

3.2.3 建筑节能工程施工前，对于采用相同建筑节能设计的房间和构造做法，应在现场采用相同材料和工艺制作样板间或样板件，经有关各方确认后方可进行施工。

外墙外保温工程必须在施工现场制作样板间，并经建设、设计、监理、施工等有关各方进行安全评估。

3.2.4 建筑节能工程为单位建筑工程的一个分部工程。其分项工程和检验批的划分，应符合下列规定：

1 建筑节能分项工程应按照表 3.2.4 划分。

2 建筑节能工程应按照分项工程进行验收。当建筑节能分项工程的工程量较大时，可以将分项工程划分为若干个检验批进行验收。

3 当建筑节能工程验收无法按照上述要求划分分项工程或检验批时，可由建设、监理、施工等各方协商进行划分。但验收项目、验收内容、验收标准和验收记录均应遵守本规范的规定。

4 建筑节能分项工程和检验批的验收可以单独进行，也可与其他分项、分部工程或检验批相近的验收同步进行，但应单独填写验收记录，节能验收资料应单独组卷。

表 3.2.4 建筑节能分项工程划分

序号	分项工程	主要验收内容
1	墙体节能工程	主体结构基层；隔热砌体；保温材料；饰面层；遮阳设施等
2	幕墙节能工程	主体结构基层；保温材料；隔热材料；幕墙玻璃；单元式幕墙板块；通风换气系统；遮阳设施等
3	门窗节能工程	门；窗；玻璃（含贴膜玻璃）；通风换气装置；遮阳设施等
4	屋面节能工程	基层；隔热层；保护层；防水层；面层等
5	通风与空调节能工程	系统制式；冷、热源设备；辅助设备；管网；通风与空调设备；阀门与仪表；绝热材料；系统调试等

序号	分项工程	主要验收内容
6	太阳能热水系统节能工程	系统制式；集热器；贮水箱；管路系统；辅助能源加热设备；保温工程；系统调试
7	配电与照明节能工程	低压配电电源；线缆材料；线缆敷设；照明光源、灯具；附属装置；控制功能；调试等
8	监测与控制节能工程	冷、热源、空调水的监测控制系统；空调水系统的监测控制系统；通风与空调系统的监测控制系统；监测与计量装置；供配电的监测控制系统；照明自动控制系统；综合控制系统等

4　墙体节能工程

4.1　一般规定

4.1.1　本章适用于采用板材、浆料、块材、预制复合墙板、涂料等墙体保温材料或构件的建筑外墙体节能工程施工及质量验收。

4.1.2　外墙保温系统应能适应结构和基层的正常变形而不产生裂缝或空鼓。

4.1.3　外墙外保温工程应能承受自重、室外气候变化和风荷载作用而不产生破坏。

4.1.4　外墙外保温工程应具有防水、抗渗漏性能。

4.1.5　对既有建筑墙面进行节能改造施工前，应先对基层进行处理，使其达到设计和施工工艺的要求。

4.1.6　墙体节能工程应对下列部位或内容进行隐蔽工程验收，并应有详细的文字记录和必要的图像资料：

　　1　保温层附着的基层及其表面处理；

　　2　保温板粘结或固定；

　　3　保温浆料分层施工，与基层及各层之间的粘结；

　　4　各类饰面层的基层施工、面层的粘结或固定、保温层、饰面层的防水及密封处理；

　　5　锚固件；

　　6　增强网铺设；

　　7　墙体热桥部位处理；

　　8　嵌缝做法、防水处理；

　　9　现场喷涂或浇注有机类保温材料的界面；

　　10　被封闭的保温材料厚度；

11 保温隔热砌块填充墙体；

12 阳角、门窗洞口保温层加强处理；

13 墙面遮阳构件，绿化构架的锚固；

14 通风墙的通风构造；

15 预制保温板或预制保温墙板的板缝及构造节点。

4.1.7 墙体节能工程验收的检验批划分应符合下列规定：

1 采用相同材料、工艺和施工做法的墙面，每 500～1000m² 面积划分为一个检验批，不足 500m² 也为一个检验批。检验数量应符合下列规定：每 100m² 至少抽查一处，每处不得少于 10m²，每个检验批抽查不少于 3 处。

2 检验批的划分也可根据与施工流程相一致且方便施工与验收的原则，由施工单位与监理（建设）单位共同商定。

4.1.8 外墙保温节能工程施工验收时，应检查下列安全和功能检测资料：

1 外墙节能构造钻芯检验；

2 外墙雨水渗漏性能；

3 外墙外保温和饰面砖样板件粘结强度。

4.1.9 外墙主体结构自保温墙体的施工质量，应按砌体结构子分部工程施工质量的验收方法进行验收。

4.2 材料

4.2.1 墙体节能工程采用的材料，进场时应对其下列性能进行复验，复验应为见证取样送检，复验频次按本规范附录 A 执行。

1 均质保温材料的导热系数、密度、抗压强度或压缩强度；

2 非匀质保温材料的传热系数或热阻、抗压强度或压缩强度；

3 有机保温材料的燃烧性能；

4 粘结材料的粘结强度；

5 增强网的力学性能、抗腐蚀性能；

6 浅色饰面材料的太阳辐射吸收系数；

7 热反射隔热涂料的太阳反射比和半球发射率。

4.2.2 墙体节能工程使用的非匀质保温隔热砌块或构件的热阻或传热系数应符合设计要求和相关标准的规定。

4.3 施工

4.3.1 外墙保温工程的主体结构和基层墙体应符合《混凝土结构施工质量验收规范》GB 50204、《砌体工程施工质量验收规范》GB 502032 和《非承重砌体及饰面工程施工与验收规范》SJG 14 的要求。主体结构完成后进行施工的墙体节能工程，应在主体结构及基层质量验收合格后施工，施工过程中应及时进行质量检查、隐蔽工程验收和检验批验收，施工完成后应进行墙体节能分项工程验收。

与主体结构同时施工的墙体节能工程，应与主体结构一同验收。

4.3.2 墙体节能工程施工前应按照设计和施工方案的要求对基层进行处理，处理后的基层应符合保温层施工工艺和施工方案的要求。

4.3.3 墙体节能工程各层构造做法应符合设计要求，并应按照经过审批的施工方案施工。

4.3.4 墙体节能工程的施工，应符合下列规定：

　1 保温隔热材料的厚度必须符合设计要求。

　2 保温板材与基层及各构造层之间的粘结或连接必须牢固。粘结强度和连接方式应符合设计要求。保温板材与基层的粘结强度应做现场拉拔试验。

　3 浆料保温层与基层之间及各层之间的粘结必须牢固，不应脱层、空鼓和开裂。

　4 当墙体节能工程的保温层采用预埋或后置锚固件固定时，锚固件数量、位置、锚固深度和拉拔力应符合设计要求。后置锚固件应进行锚固力现场拉拔试验。

　5 锚固件与增强网的连接应符合设计要求，当设计无要求时，锚固件与增强网应有可靠连接。

4.3.5 外墙保温工程的界面层应符合《建筑装饰装修施工质量验收规范》GB 50210 和《非承重砌体及饰面工程施工与验收规范》SJG 14 中有关找平层的要求。

4.3.6 墙体节能工程当采用外保温定型产品或成套技术时，其型式检验报告中应包括安全性和耐候性检验。当系统中的任一个材料变更时，应重新进行该项检验。

4.3.7 胶粉 EPS 颗粒保温浆料和水泥基复合保温砂浆等浆料保温层，应分层施工，分层厚度应符合设计和技术规范要求，保温层与基层之间及各层之间的粘结必须牢固，表面应压实平整。

4.3.8 墙体节能工程的保温材料在施工过程中应采取防潮、防水等保护措施；外墙外保温工程施工期间以及完工后 24 小时内，应采取防潮、防水等保护措施。夏季施工应避免阳光暴晒，在五级以上大风天气和雨天不得施工。

4.3.9 在外墙外保温系统上安装的设备及管道，其支、吊架应固定于墙体结构基层上，并应做密封和防水处理。

4.3.10 外墙外保温系统保温层上的抗裂砂浆面层的玻纤网格布或热镀锌钢丝网，必须压埋在抗裂砂浆面层的中心位置，不得将玻纤网格布或热镀锌钢丝网直接压埋或钉固在保温层上。

4.3.11 墙体节能工程各类饰面层的基层及面层施工，应符合设计和《建筑装饰装修工程质量验收规范》GB 50210 的规定，并应满足下列要求：

1 饰面层施工的基层应无脱层、空鼓和裂缝，基层应平整、洁净，含水率应符合饰面层施工的要求；

2 外墙外保温工程不宜采用粘贴饰面砖做饰面层；当采用时，其安全性与耐久性必须符合设计要求。饰面砖应做粘结强度拉拔试验，试验结果应符合设计和有关标准的要求，分隔缝的留置应不得损坏保温系统加强网；

3 外墙外保温工程的饰面层不应渗漏。当外墙外保温工程的饰面层采用饰面板开缝安装时，保温层表面应具有防水功能或采取其他防水措施；

4 外墙外保温层及饰面层与其他部位交接的收口处，应采取密封措施。

4.4 验收

主控项目

4.4.1 用于墙体节能工程的材料、构件等，其品种、规格、性能和厚度应符合设计要求和相关标准的规定。

检验方法：观察、尺量检查；核查质量证明文件。

检查数量：按进场批次，每批随机抽取3个试样进行检查；质量证明文件应按照其出场检验批进行核查。

4.4.2 墙体节能工程使用的均质保温隔热材料，其导热系数、密度、抗压强度或压缩强度、燃烧性能应符合设计要求；非匀质保温材料的传热系数或热阻、抗压强度或压缩强度、燃烧性能应符合设计要求；

检验方法：核查质量证明文件及进场复验报告。

检查数量：全数检查。

4.4.3 当墙体工程使用浅色节能饰面材料时，其建筑饰面材料的太阳辐射吸收系数应符合要求。当采用遮阳、通风构造隔热时，构件尺寸、角度等参数、材料的光学性能应符合设计要求。

检验方法：核查质量证明文件及进场复验报告。

检查数量：全数检查。

4.4.4 墙体节能工程采用的粘结材料和增强网等材料性能应满足设计及相关标准的要求。

检验方法：随机抽样送检，核查复验报告。

检查数量：同一厂家同一品种的产品，当单位工程建筑面积在20000m^2以下时各抽查不少于3次；当单位工程建筑面积在20000m^2以上时各抽查不少于6次；

4.4.5 墙体节能工程施工质量应符合本规范第4.3.3，4.3.4条的规定。

检验方法：对照设计和施工方案观察、手扳检查；保温材料厚度采用钢针插入或剖开尺量检查；粘结强度和锚固件核查试验报告；核查隐蔽工程验收记录。

检查数量：每个检验批抽查不少于3处。

4.4.6　当外墙采用通风、遮阳或绿化构造隔热时，构架的锚固应牢固，满足抗风、抗震、方便维护的要求，通风管的尺寸应符合设计要求。遮阳、绿化对阳光的遮挡比例应符合设计要求。

检查方法：采用尺量检查、观察；锚固件检查检测报告，检查隐蔽工程验收记录。

检查数量：每个检验批抽查不少于3处。

4.4.7　外墙采用预制保温板现场浇注混凝土墙体时，保温板所用材料应符合本规范第4.4.2条规定；保温板的安装位置应正确、接缝严密，保温板在浇注混凝土过程中不得移位、变形，保温板表面应采用界面处理措施，与混凝土粘结应牢固。

混凝土和模板的验收，应按《混凝土结构工程施工质量验收规范》GB 50204—2001的相关规定执行。

检验方法：观察检查；核查隐蔽工程验收记录。

检查数量：全数检查。

4.4.8　当外墙采用保温浆料做保温层时，应在施工中制作同条件养护试件，检测其导热系数、干密度和压缩强度。保温浆料的同条件养护试件应见证取样送检。

检验方法：检查检测报告

检查数量：每个检验批应抽样制作同条件养护试块不少于3组。

4.4.9　墙体节能工程各类饰面层的基层及面层施工，应符合本规范第4.3.11的规定。

检验方法：观察检查；核查试验报告和隐蔽工程验收记录。

检查数量：全数检查。

4.4.10　保温砌块砌筑的自保温墙体，砌筑砂浆的强度等级应符合设计要求。砌体的水平灰缝饱和度不应低于90%，竖直灰缝饱和度不应低于80%。

检验方法：对照设计核查施工方案和砌筑砂浆强度试验报告。用百格网检查灰缝砂浆饱和度。

检查数量：每层楼的每个施工段至少抽查一次，每次抽查5处，每处不少于3个砌块。

4.4.11　采用预制保温墙板现场安装的墙体，应符合下列规定：

1　保温墙板应有型式检验报告，型式检验报告中应包含安全性能的检验。

2　保温墙板的结构性能、热工性能及与主体结构的连接方法应符合设计要求，与主体结构连接必须牢固。

3　保温墙板的板缝处理、构造节点及嵌缝做法应符合设计要求。

4　保温墙板板缝不得渗漏。

检验方法：检查型式检验报告、出厂检验报告、对照设计观察和淋水试验检查；核查隐蔽工程验收记录。

检查数量：型式检验报告、出厂检验报告全数核查；其他项目每个检验批抽查 5%，并不少于 3 件（处）。

4.4.12 外墙体上凸窗四周的侧面，应按设计要求采取节能保温措施。

检验方法：对照设计观察检查，必要时抽样剖开检查；核查隐蔽工程验收记录。

检查数量：每个检验批应抽查 5%，并不少于 5 个洞口。

4.4.13 外墙的保温层与墙体以及各构造层之间必须粘贴牢固，不得有松动、脱层、空鼓、裂缝和虚粘现象；墙体表面不得有粉化、起皮和爆灰。

检验方法：用锤，必要时抽样剖开检查；核查隐蔽工程验收记录。

检查数量：每个检验批应抽查 5%，并不少于 5 处（件）。

4.4.14 采用浅色饰面隔热时，外墙饰面材料的太阳辐射吸热系数应符合设计要求和相关节能标准的规定。饰面外观颜色深浅应与抽样样品一致，色泽均匀。

检验方法：对照设计要求，核查复验报告，观察检查。

检查数量：外观全数检查。

4.4.15 外墙采取外遮阳措施时，遮阳装置材料的光学性能应符合设计要求和相关标准的规定。

检验方法：进场时抽样复验，抽样复验检测按照《建筑玻璃可见光透射比、太阳光直接透射比、太阳能总透射比、紫外线透射比及有关窗玻璃参数的测定》GB/T 2680—1994 的要求测试，验收时对照设计要求，核查复验报告。

检查数量：同一生产厂家的同一种产品抽查不少于一组。

一般项目

4.4.16 EPS（XPS）板材保温层安装时，应上下错缝，拼缝应平整严密，接缝处不得抹粘结剂。

检验方法：观察检查。

检查数量：全数检查。

4.4.17 进场节能保温材料与构件的外观和包装应完整无破损，符合设计要求和产品标准的规定。

检验方法：观察检查。

检查数量：全数检查。

4.4.18 当采用外墙外保温时，建筑物的抗震缝、伸缩缝、沉降缝的保温构造做法应符合设计要求。

检验方法：对照设计观察检查。

检查数量：按检验批抽样检查。每个检验批应抽查 5% 并不少于 5 件（处）。

4.4.19 当采用加强网作为防止开裂的措施时，加强网的铺贴和搭接应符合设计和施工方案的要求。砂浆抹压应密实，不得空鼓，加强网不得皱褶、外露。

　　检验方法：观察检查；核查隐蔽工程验收记录。

　　检查数量：每个检验批应抽查 5%，每处不少于 2m²。

4.4.20 外墙热桥部位应按设计要求采取隔断热桥措施。

　　检验方法：对照设计和施工方案观察检查；核查隐蔽工程验收记录。

　　检查数量：按不同热桥种类，每种抽查 10%，并不少于 5 处。

4.4.21 施工工艺原因产生的墙体缺陷，如穿墙套管、脚手眼、孔洞等，应按照设计和施工方案要求采取隔断热桥措施，不得影响墙体热工性能。

　　检验方法：对照设计要求和施工方案观察检查。

　　检查数量：全数检查。

4.4.22 墙体保温板材接缝方法应符合施工方案要求。保温板拼缝应平整严密。

　　检验方法：观察检查。

　　检查数量：每个检验批抽查 10%，并不少于 5 处。

4.4.23 墙体采用保温浆料时，保温浆料层宜分层连续施工；每遍的施工厚度不应大于 20mm；保温浆料厚度应均匀、接茬应平顺密实。

　　检验方法：观察；尺量检查。

　　检查数量：每个检验批应抽查 10%，并不少于 10 处。

4.4.24 墙体上容易碰撞的阳角、门窗洞口及不同材料基体的交接处等特殊部位，其保温层所采取防止开裂和破损的加强措施，应符合设计要求。

　　检验方法：观察检查；核查设计文件和隐蔽工程验收记录。

　　检查数量：按不同部位，每类抽查 10%，并不少于 5 处。

4.4.25 采用现场喷涂或模板浇注有机类保温材料和板材做外保温时，有机类保温材料应达到陈化时间后方可进行下道工序施工。

　　检查方法：对照施工方案和产品说明书进行检查。

　　检查数量：全数检查。

4.4.26 外保温面层的允许偏差和检查方法应符合表 4.4.26 的规定。

表 4.4.26　外保温面层的允许偏差和检查方法

项次	项　目	允许偏差（mm）	检 查 方 法
1	表面平整	4	用 2m 靠尺楔形塞尺检查
2	立面垂直	4	用 2m 垂直检查尺检查
3	阴、阳角方正	4	用直角检查尺检查
4	分格缝、装饰线直线度	4	拉 5m 线，用钢直尺检查

5 幕墙节能工程

5.1 一般规定

5.1.1 本章适用于透明和非透明的各类建筑幕墙的节能工程的施工及质量验收。

5.1.2 附着于主体结构上的保温层应在主体结构工程质量验收合格后施工。施工过程中应及时进行质量检查、隐蔽工程验收和检验批验收，施工完成后应进行幕墙节能分项工程验收。

5.1.3 幕墙节能工程施工应对以下部位或项目进行隐蔽工程验收，并应有详细的文字记录和必要的图像资料：

　　1　被封闭的保温材料厚度和保温材料的固定；

　　2　幕墙周边与墙体接缝处保温材料的填充；

　　3　构造缝、结构缝；

　　4　热通道的密封；

　　5　热桥部位、断热节点；

　　6　单元式幕墙密封条镶嵌，板块间的接缝密封；

　　7　幕墙的通风换气装置；

　　8　遮阳构件的锚固。

5.1.4 幕墙节能工程检验批应按下列规定划分：

　　1　相同设计、材料、工艺和施工条件的幕墙工程每 $500\sim1000m^2$ 应划分为一个检验批，不足 $500m^2$ 也应划分为一个检验批。

　　2　同一单位工程的不连续的幕墙工程应单独划分检验批。

　　3　对于异型或有特殊要求的幕墙，检验批的划分应根据幕墙的结构、工艺特点及幕墙工程规模，由监理单位（或建设单位）和施工单位协商确定。

5.1.5 幕墙节能工程检查数量应符合下列规定：

　　1　每个检验批每 $100m^2$ 应至少抽查一处，每处不得小于 $10m^2$。

　　2　对于异型或有特殊要求的幕墙工程，应根据幕墙的结构和工艺特点，由监理单位（或建设单位）和施工单位协商确定。

5.1.6 幕墙节能工程中使用的贴膜玻璃，其贴膜材料、施工和验收应按照门窗节能工程的有关贴膜玻璃的规定执行。

5.2 材料

5.2.1 当幕墙节能工程采用隔热型材时，隔热型材生产企业应提供型材隔热材料的力学性能和热变形性能试验报告。

5.2.2 幕墙节能工程使用的材料、构件等进场时，应对其下列性能进行复验，复验应为见证取样送检：

　　1　保温材料：导热系数、密度、有机材料燃烧性能；

2　幕墙玻璃：可见光透射比、传热系数、遮阳系数、中空玻璃露点；

3　隔热型材：抗拉强度、抗剪强度；

4　透明半透明遮阳材料：太阳光透射比、太阳光反射比。

5.2.3　当幕墙面积大于 $3000m^2$ 或建筑外墙面积 50% 时，应现场抽取材料和配件，在检测试验室安装制作试件进行气密性能检测。气密性能检测试件应包括幕墙的典型单元、典型拼缝、典型可开启部分。试件应按照幕墙工程施工图进行设计。试件设计应经建筑设计单位项目负责人、监理工程师同意并确认。气密性能的检测应按照国家现行有关标准的规定执行。

5.3　施工

5.3.1　幕墙节能工程的保温材料在安装过程中应采取防潮、防水等保护措施。

5.3.2　密封条应镶嵌牢固、位置正确、对接严密。

5.3.3　双层幕墙的热通道通风换气装置的通风口规格尺寸、启闭装置型号、自然通风风口面积、强排风性能等参数应满足设计要求，保证热通道清洁密闭，风口畅通。

5.3.4　幕墙玻璃的镀膜面或贴膜面的安装位置应符合以下规定：

1　单片热反射镀膜玻璃安装位置符合设计要求；

2　中空玻璃的镀膜面（贴膜面）位置应置于从外到里的第二面。

5.3.5　幕墙节能工程的施工应做好下列部位的密封处理：

1　幕墙与主体结构之间及其他耐候密封胶胶缝处；

2　封边、封顶收口部位；

3　开启窗部位；

4　单元式板块间。

5.4　验收

主控项目

5.4.1　幕墙节能工程所用的材料、构件等，其品种、规格应符合下列规定：

1　玻璃品种、中空玻璃的构造、气体层、间隔条应符合设计要求；

2　隔热型材、隔热材料的品种和尺寸应满足设计要求和相关产品标准的规定；

3　密封条的尺寸及耐久性应符合设计要求及相关产品标准的规定；

4　遮阳构件的尺寸、材料及构造应符合设计要求。

检验方法：观察、尺量检查；核查质量证明文件。

检查数量：按进场批次，每批随机抽取 3 个试样进行检查；质量证明文件应按照其出厂检验批进行核查。

5.4.2　玻璃幕墙的立面分隔、可开启面积应符合设计文件要求。

检查方法：对照玻璃幕墙设计文件，观察、尺量。

检查数量：按检验批划分的检查数量抽查 10%。

5.4.3 幕墙节能工程使用的保温隔热材料，其导热系数、密度、燃烧性能应符合设计要求。幕墙玻璃的传热系数、遮阳系数、可见光透射比、中空玻璃露点应符合设计要求。透明、半透明遮阳材料的光学性能及遮阳装置的抗风性能应符合设计要求。

检验方法：核查质量证明文件或复验报告。

检查数量：全数核查。

5.4.4 幕墙的气密性能指标应符合设计规定的等级要求。密封条应镶嵌牢固、位置正确、对接严密。单元幕墙板块之间的密封应符合设计要求。开启扇应关闭严密。

检查方法：核查气密性能检测报告；核查单元式幕墙安装隐蔽验收记录；观察及启闭检查。

检查数量：现场检查按检验批划分的检查数量抽查 10%并不少于 5 件（处）。

5.4.5 保温材料应可靠固定，其厚度应不小于设计要求。

检验方法：对保温板或保温层采取针插法，必要时可剖开检查，尺量厚度。

检查数量：按检验批划分的检查数量抽查 10%并不少于 5 处。

5.4.6 幕墙遮阳设施的安装位置和遮阳构造尺寸应符合设计要求。遮阳设施的安装应牢固。

检验方法：检查建筑遮阳设施隔热性能试验报告；观察尺量、手扳。

检查数量：检查全数的 10%并不少于 5 处。牢固程度全数检查。

5.4.7 幕墙工程热桥部位的隔断热桥措施应符合设计要求，断热节点的连接应牢固。

检验方法：对照幕墙热工性能设计文件，观察检查。

检查数量：检查全数的 10%并不少于 5 处。

一般项目

5.4.8 镀（贴）膜玻璃的安装方向、位置应满足设计要求。中空玻璃应采用双道密封。中空玻璃的均压管应密封处理，镀膜面应放在靠近室外玻璃的内侧，单层玻璃应将镀膜置于室内侧。

检验方法：观察，检查施工记录。

检验数量：按检验批划分的检查数量抽查 10%并不少于 5 件（处）。

5.4.9 单元式幕墙板块之间的密封应符合设计要求。组装应符合下列要求：

1 密封条：规格正确，长度无负偏差；

2 保温材料：固定牢固，厚度无负偏差；

检验方法：检查气密性能检测报告；核查单元式幕墙安装隐蔽验收记录；观

察及启闭检查。观察检查；手扳检查及尺量。

检查数量：现场检查按检验批划分的检查数量抽查 10％并不少于 5 件（处）。

5.4.10 幕墙与周边墙体间的缝隙应采用弹性闭孔材料填充饱满，并应采用耐候胶密封。

检查方法：观察检查。

检查数量：按检验批划分的检查数量抽查 10％并不少于 5 件（处）。

5.4.11 建筑伸缩缝、沉降缝、抗震缝的保温或密封做法应符合设计文件要求。

检验方法：对照设计观察检查。

检查数量：按检验批抽样检查 10％并不少于 5 件（处）。

5.4.12 活动遮阳设施的调节机构应灵活、调节到位。

检验方法：试验，观察检查。

检查数量：按检验批划分的检查数量抽查 10％并不少于 5 件（处）。

6　门窗节能工程

6.1　一般规定

6.1.1 本章适用于建筑外门窗节能工程，包括金属门窗、塑料门窗、各种复合门窗、特种门窗、玻璃贴膜门窗以及门窗玻璃安装等节能工程的施工及质量验收。

6.1.2 门窗节能工程鼓励推广使用门窗保温隔热和密闭等新技术，禁止使用落后淘汰的门窗技术和产品。

6.1.3 门窗节能工程应对下列部位或内容进行隐蔽验收，并应有详细的文字记录和必要的图像资料：

1　外门窗框周边与墙体的接缝处保温材料的填充、密封；

2　遮阳构件的锚固；

3　天窗的坡向、坡度及密封处理；

4　门窗密封条与玻璃镶嵌密封处理；

5　门窗镀（贴）膜面安装位置；

6　中空玻璃均压管的密封处理。

6.1.4 建筑外门窗工程的检验批应按下列规定划分：

1　同一厂家的同一品种、类型、规格的门窗及门窗玻璃，每 100 樘划分为一个检验批，不足 100 樘也为一个检验批。

2　同一厂家的同一品种、类型和规格的特种门，每 50 樘划分为一个检验批，不足 50 樘也为一个检验批。

3 对于异型或有特殊要求的门窗，检验批的划分应根据其特点和数量，由监理（建设）单位和施工单位协商确定。

6.1.5 建筑外门窗工程的检查数量应符合下列规定：

1 建筑外门窗每个检验批应抽查 5%，并不少于 3 樘，不足 3 樘时应全数检查；高层建筑的外窗，每个检验批应抽查 10%，并不少于 6 樘，不足 6 樘时应全数检查。

2 特种门每个检验批应抽查 50%，并不少于 10 樘，不足 10 樘时应全数检查。

6.1.6 贴膜玻璃的检验批应按下列规定划分：

同一品种、类型、规格的膜和玻璃，在同一工艺条件下粘贴的产品，每 1000m² 划分为一个检验批，总量不足 1000m² 时作为一个检验批，1000m² 以上作为两个检验批。

6.1.7 贴膜玻璃的每一检验批质量验收的抽查数量应符合下列规定：

1 贴膜玻璃的外观质量验收时，每检验批抽取不少于 5% 并不得少于 6 块样品检验外观质量，低于 6 块时全数检查。

2 建筑节能贴膜玻璃的热工性能验收时，每检验批抽取 1 组（樘）检验贴膜前后门窗或幕墙的热工性能。当无最终产成品时，允许每检验批抽取不少于 5% 并不得少于 3 块的贴膜玻璃复验玻璃贴膜前后的可见光透射比、遮阳系数和紫外线透射比。

3 贴膜玻璃的耐划伤性能验收时，每检验批抽取不少于 5% 并不得少于 6 块样品检验耐划伤程度，低于 6 块时全数检查。

贴膜玻璃的外观质量见 6.1.7 表：

表 6.1.7　贴膜玻璃的外观质量

缺陷名称	说明	合格品
斑点（尘埃、颗粒、胶斑、指印、气泡）	直径<1.2mm	不允许集中
	1.2mm≤直径≤1.6mm 每平方米允许个数	中部：不允许；75mm 边部：4 个
	1.2mm≤直径≤2.5mm 每平方米允许个数	75mm 边部：2 个；中部：1 个
	直径>2.5mm	不允许
折痕、边部翘起、戳破	不允许	不允许
头发与纤维	2.5mm≤长度≤10mm 每平方米允许个数	2 个

续表

缺陷名称	说明	合格品
划伤	0.1mm＜宽度≤0.3mm 每平方米允许个数	长度≤50mm：4 个
	宽度＞0.3mm 每平方米允许个数	宽度＜0.8mm 且长度≤100mm：2 个

6.2 材料

6.2.1 建筑外门窗进场后，应对其外观、品种、规格及配件等进行检查验收，对质量证明文件进行核查。节能外门窗应有国家法定机构出具的门窗节能性能标识。

6.2.2 建筑外窗（包括天窗）进入施工现场时，应对所使用的材料和构件的下列性能进行复验，复验应为见证取样送检，复验频次按本规范附录 A 执行：

　　1　隔热型材：抗拉强度、抗剪强度；

　　2　门窗玻璃：可见光透射比、遮阳系数、中空玻璃露点、贴膜玻璃的紫外线透射比；

　　3　外门窗：气密性；

　　4　透明半透明遮阳材料：太阳光透射比、太阳光反射比。

6.2.3 新建工程或既有建筑改造工程的门窗，当使用贴膜时，安装隔热膜的玻璃，其外观质量和性能应符合国家现行标准的规定，所使用的隔热膜应符合相关技术标准的要求。隔热膜进场后，应对隔热膜的外观、品种、规格及配套安装液等进行检查验收，对质量证明文件进行核查。贴膜完成后，应对贴膜玻璃的外观质量和耐划伤性能进行检查。

6.3 施工

6.3.1 门窗洞口宽、高留置尺寸，应根据门窗尺寸、洞口边墙体保温层厚度以及门窗框与墙体洞口之间的安装缝隙尺寸确定。

6.3.2 建筑外门窗的门窗框必须安装牢固。门窗扇必须安装牢固，并应开关灵活、关闭严密，无倒翘。

6.3.3 建筑外门窗玻璃的镀膜面或贴膜面的安装位置应符合设计要求。

6.3.4 外门窗框与副框之间应使用密封胶密封；门窗框或副框与洞口之间的间隙应采用符合设计要求的弹性闭孔材料填充饱满，并使用密封胶密封。密封胶应粘结牢固，表面光滑、顺直、无裂缝。

6.3.5 外窗的通风换气装置安装位置应正确，与门窗和墙体之间产生的间隙应使用耐候密封胶密封，密封胶应粘结牢固，表面光滑、顺直、无裂缝。

6.3.6 在既有建筑的玻璃上安装贴膜或在玻璃工厂贴膜时，应保证场地无扬尘。

玻璃表面应清洗干净，贴膜工序正确，拼接严密。玻璃贴膜应按下列工序施工：

1　清理　玻璃表面经过专用清洗液清洗后，用专用安装液首次均匀地湿润整面玻璃，再用专用橡胶刮擦板刮去玻璃表面的安装液，彻底去除玻璃上留下的尘埃和沾污物。

2　贴膜　在整个玻璃表面再次均匀地喷上安装液后，立即把撕开保护层的贴膜浮铺到玻璃面上，滑向正确的位置。

3　刮液　采用专用刮板工具将膜下的大部分安装液小心均匀刮除挤尽，并防止贴膜边部的水分及空气再次渗入膜下。同时，应确保玻璃或窗户的边缘留有空隙。

4　拼接　在玻璃上拼接贴膜时，应使接缝对称，与周围环境相协调，两片膜之间应无可视色差。

6.4　验收

主控项目

6.4.1　建筑外门窗的品种、类型、规格、可开启面积应符合设计要求和相关标准的规定。

检验方法：观察、尺量、计算。

检查数量：按本规范第 6.1.5 条执行。

6.4.2　**建筑外窗的气密性能、传热系数、中空玻璃露点、玻璃遮阳系数和可见光透射比应符合设计要求。遮阳材料的光学性能及遮阳装置的抗风性能应满足设计要求和相关标准的规定。**

检验方法：检查产品技术性能检测报告、进场复验报告和实体抽样检测报告以及节能设计计算书。

检查数量：全数核查。

6.4.3　建筑门窗采用的玻璃品种应符合设计要求。镀（贴）膜玻璃的安装方向应正确，中空玻璃应采用双道密封。

检验方法：检查玻璃出厂质量证明文件、进场复验报告和现场鉴定。

检查数量：按本规范第 6.1.5 条、6.1.7 条执行。

6.4.4　**贴膜玻璃的遮阳系数、可见光透射比和紫外线透射比应符合设计要求。**

检验方法：检查膜、辅助材料和玻璃的出厂质量证明文件、有效期内的型式检验报告（包括耐候性试验）、贴膜玻璃试样的进场复验报告，进口膜应提供进口报关单、原产地证明、经销商授权书、辅助材料的质量证明书。

检查数量：按本规范第 6.1.7 条执行。

6.4.5　金属外门窗隔断热桥措施应符合设计要求和产品标准的规定，金属副框的隔断热桥措施应与门窗框的隔断热桥措施相当。

检验方法：检查金属型材的质量证明文件，随机抽样，对照产品设计图纸，剖开和拆开检查。

检查数量：同一厂家同一品种、类型的产品各抽查不少于1樘。金属副框的隔断热桥措施按检验批抽查30％。

6.4.6　外窗的遮阳设施，其功能应符合设计要求和产品标准；遮阳设施应安装牢固，位置正确，满足安全和使用功能要求。

检验方法：检查产品合格证、技术性能报告、实地观察。

检查数量：全数检查。

6.4.7　外窗的通风换气装置，其功能应符合设计要求和产品标准；通风换气装置安装的位置、运行性能应满足使用功能要求，且应安装牢固，防止雨水渗漏。

检验方法：检查产品合格证、技术性能报告、观察。

检查数量：全数检查。

6.4.8　特种门的性能应符合设计和产品标准要求；特种门安装中的节能措施，应符合设计要求。

检验方法：核查质量证明文件；观察、尺量检查。

检查数量：全数检查。

6.4.9　天窗安装的位置、坡度应正确，封闭严密，嵌缝处不得渗漏。

检验方法：观察、尺量检查；淋水检查。

检查数量：按本规范第6.1.5条执行。

　　一般项目

6.4.10　隔热型材的隔热条、门窗扇和玻璃的密封条，其物理性能应符合冬暖夏热地区相关标准的规定。隔热条与框料接触紧密，连接牢固，密封条安装位置正确，镶嵌牢固，接头处不得开裂；关闭门窗时密封条应接触严密，不得脱槽。

检验方法：检查产品合格证、技术性能报告，观察及启闭检查。

检查数量：按本规范第6.1.5条执行。

6.4.11　外窗遮阳设施的角度、位置调节应灵活，调节到位。

检验方法：观察、尺量。

检查数量：按本规范第6.1.5条执行。

6.4.12　贴膜玻璃的外观质量和耐划伤性能应满足要求。

检验方法：观察、尺量。

检查数量：按本规范第6.1.7条执行。

7　屋面节能工程

7.1　一般规定

7.1.1　本章适用于建筑屋面的节能工程，包括采用现浇保温材料、喷涂保温材料、板材、块材和反射隔热涂料等保温隔热材料的屋面及架空屋面、蓄水屋面和

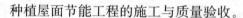

种植屋面节能工程的施工与质量验收。

7.1.2　建筑屋面节能工程检验批划分应符合下列规定：

　　1　采用相同材料、工艺和施工做法的屋面，每 500～1000m² 面积划分为一个检验批，不足 500m² 也为一个检验批。

　　2　检验批的划分也可根据与施工流程相一致且方便施工与验收的原则，由施工单位与监理（建设）单位共同商定。

7.1.3　建筑屋面节能工程检验批检查数量应按下列规定执行：

　　1　按屋面面积每 500m² 抽查一处，每处 10m²，且不得少于 3 处；

　　2　细部构造的保温做法全数检查；

　　3　保温隔热材料进场复检按同一单体建筑、同一生产厂家、同一规格、同一批材料为一个检验批，每个检验批随机抽取一组。

7.1.4　屋面保温隔热工程应对下列部位进行隐蔽工程验收，并应有详细的文字记录和必要的图像资料：

　　1　基层处理；

　　2　保温隔热层的铺设方式、厚度；板材缝隙填充质量；

　　3　屋面热桥部位；

　　4　板材粘结；

　　5　铝箔位置，铺设方式；

　　6　屋面防水层施工；

　　7　种植屋面各层的铺设；

　　8　蓄水屋面各层的铺设；

　　9　保温材料的防潮层和保护层。

7.2　材料

7.2.1　屋面节能工程采用的材料，进场时应对其下列材料性能进行复验，复验应为见证取样送检，复验频次按本规范附录 A 执行。

　　1　保温材料的导热系数、密度、抗压强度或压缩强度；

　　2　有机保温材料：燃烧性能；

　　3　热反射隔热涂料的太阳反射比和半球发射率；

　　4　轻质屋面饰面材料的太阳辐射吸收系数；

　　5　采光屋面的气密性能和玻璃的传热系数、遮阳系数、可见光透射比、中空玻璃露点；

　　6　其他保温材料的热工性能。

7.2.2　倒置式屋面应采用吸水率低、密度小、导热系数小、憎水性强和长期浸水不腐烂的板状保温块材。

7.2.3　挤塑聚苯乙烯泡沫板（XPS）屋面保温层，其各项技术指标应符合《绝热用挤塑聚苯乙烯泡沫板（XPS）》（GB/T 10801.1—2002 和 GB/T 10801.2—2002）的标准要求。

7.3　施工

7.3.1　屋面保温隔热工程的施工，应在基层质量验收合格后进行，操作基层应平整、干燥、干净。施工过程中应及时进行质量检查、隐蔽工程验收和检验批验收，施工完成后应进行屋面节能分项工程验收。

7.3.2　保温层施工期间内，应采取防潮、防水等保护措施，夏季应避免阳光暴晒。屋面保温隔热层施工完成后，应及时进行找平层和防水层的施工，雨季施工应备有遮盖设施，避免保温隔热层受潮、浸泡或受损。五级以上大风天气和雨天不得施工。

7.3.3　伸出屋面的管道、设备或预埋件等，应在保温层及防水层施工前安装完毕。保温层及防水层完成后，不得在其上打洞、凿槽。

7.3.4　正置式屋面应设置有效的排湿、排气措施，排气通道应纵横贯通，间距不大于 6m，并与大气连通的排气管相通，排气管处应做防水处理。

7.3.5　喷涂聚氨酯硬泡体整体式屋面保温层工程的施工，应符合下列要求：

1　施工现场的空气相对湿度不宜大于 90%。风力应不大于 5 级，并应有防止施工时喷涂材料飞扬、污染邻近建筑及设施的防护设施。

2　喷涂施工应在屋面上的设备、管线的基础安装到位后进行。

3　聚氨酯泡沫保温材料必须在喷涂施工前配制好，输送管不得渗漏，喷涂应连续均匀。

4　聚氨酯泡沫材料喷涂施工后 30min 内严禁上人行走。

5　保温层表面应设细石混凝土保护层，保护层厚度应不小于 40mm，混凝土强度等级应不低于 C30。

7.3.6　屋面板材保温层施工时，应符合下列要求：

1　铺设之前应根据屋面的具体尺寸和保温板材的铺垫要求下料，将整卷的保温板材展开后依次铺设，两板之间应采用对缝拼接；

2　在倒置式屋面上防水层上铺垫保温板材时，不得碰损防水层，粘贴保温板材的胶粘剂，应与防水层相容；

3　保温板的对接拼缝应严密，对于局部大于 5mm 的缝隙处，应采用保温板材的零料填实、补找，然后沿接缝方向粘贴宽 60mm 的胶带纸，固定保温板材、封闭缝隙；

4　在保温板材上施工钢筋混凝土保护层时，先铺一层 PU 膜或塑料薄膜作隔离层。

7.3.7　屋面架空隔热板施工应符合下列要求：

1　架空隔热层施工时，应先清扫屋面，并根据架空板尺寸弹出支座中心线。

2 支座宜采用灰砂砖用水泥砂浆砌筑，高度应符合设计要求，屋面周边的支座应用水泥砂浆粉刷方正。

3 架空板铺砌时应带线、座浆，铺设应平整、稳固；缝隙宜用水泥砂浆嵌填，并按设计要求留置变形缝，嵌填密封油膏。

7.3.8 种植屋面施工应符合下列要求：

1 种植屋面应在保温层、防水层施工完成，并经验收合格后进行栽培层的铺放；

2 栽培层的分厢及厚度应符合设计要求；

3 栽培层的分厢四周应设挡墙，挡墙下部应有泄水孔；

4 种植屋面上的走道及无栽培层的露台等地方，应按上人屋面的设计和施工要求，铺装不易损坏的硬质或轻质保护层。

7.3.9 架空屋面的坡度不宜大于 5%，架空隔热层高度宜为 $180\sim300$mm，架空板与女儿墙的距离不宜小于 250mm，当屋面宽度大于 10m 时，架空屋面应设置通风屋脊。

7.4 验收

主控项目

7.4.1 用于屋面节能工程的保温隔热材料，其品种、规格应符合设计要求和相关标准的规定。

检验方法：观察、尺量检查；核查质量证明文件。

检查数量：按进场批次，每批随即抽取 3 个试样进行检查；质量证明文件应按照其出厂检验批进行核查。

7.4.2 **屋面节能工程使用的保温隔热材料，其导热系数、密度、抗压强度或压缩强度、燃烧性能，轻质屋面饰面材料的太阳辐射吸收系数，应符合设计要求和强制性标准的规定。**

检验方法：核查质量证明文件及进场复验报告。

检查数量：全数检查。

7.4.3 屋面保温隔热层的敷设方式、厚度、缝隙填充质量及屋面热桥部位的保温隔热做法，必须符合设计要求和有关标准的规定。保温层的厚度应进行现场抽检，其厚度偏差不应大于 5mm，且不应有负偏差。平屋面建筑找坡时，保温层的最小厚度应满足设计要求。

检验方法：观察、尺量检查。

检查数量：每 100m² 抽查一处，每处 10m²，整个屋面抽查不得少于 3 处。

7.4.4 屋面的通风隔热架空层，其架空层高度、与女儿墙的距离、安装方式、通风口位置及尺寸应符合设计及有关标准要求。架空层内不得有杂物。架空面层应完整，不得有断裂和露筋等缺陷。

检验方法：观察、尺量检查。

检查数量：每 100m² 抽查一处，每处 10m²，整个屋面抽查不得少于 3 处。

7.4.5 采光屋面玻璃的传热系数、遮阳系数、可见光透射比、中空玻璃露点应符合设计要求和相关标准的规定。节点的构造做法应符合设计和相关标准要求。采光屋面的可开启部分应按本规范第 6 章的要求验收。

检验方法：检查质量证明文件；观察检查。

检查数量：全数检查。

7.4.6 采光屋面的安装应牢固，坡度正确，封闭严密，嵌缝处不得渗漏。

检验方法：观察、尺量检查；淋水检查；核查隐蔽工程验收记录。

检查数量：全数检查。

7.4.7 内部有贴铝箔的封闭空气间层的屋面，其空气间层高度、铝箔位置应符合设计及节能标准要求。空气间层内不得有杂物，铝箔应铺设完整。

检验方法：观察、尺量检查。

检查数量：每 100m² 抽查一处，每处 10m²，整个屋面抽查不得少于 3 处。

7.4.8 屋面采用含水多孔材料做面层时，其多孔材料种类、铺设厚度、覆盖面积应符合设计及有关标准要求。

检验方法：对照设计图纸检查，核查隐蔽验收报告。

检查数量：全数检查。

7.4.9 蓄水屋面的蓄水深度、覆盖面积、防水性能应符合设计及有关标准要求。

检验方法：对照设计图纸检查，核查隐蔽验收报告。

检查数量：全数检查。

7.4.10 遮阳屋面的构造形式、遮阳比例、覆盖面积应符合设计及有关标准要求。

检验方法：对照设计图纸观察检查，尺量检查；核查隐蔽验收报告。

检查数量：全数检查。

7.4.11 种植屋面的构造做法、植物种类、种植密度、覆盖面积、植物存活率应符合设计及有关标准要求。

检验方法：对照设计图纸观察检查。

检查数量：全数检查。

　一般项目

7.4.12 屋面保温隔热层应按施工方案施工，并应符合下列规定：

1　现场采用喷、浇、抹等工艺施工的保温层，其配合比应计量准确、搅拌均匀、分层铺设，连续施工，表面平整，坡向正确。

2　板材应粘贴牢固、缝隙严密、平整。

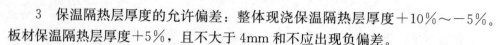

  3 保温隔热层厚度的允许偏差：整体现浇保温隔热层厚度＋10％～－5％。板材保温隔热层厚度＋5％，且不大于 4mm 和不应出现负偏差。

  检验方法：观察、尺量、称量检查。

  检查数量：每 100m² 抽查一处，每处 10m²，整个屋面抽查不得少于 3 处。

7.4.13 金属板保温夹芯屋面应铺装牢固、接口严密、表面洁净、坡向正确。

  检验方法：观察、尺量检查；检查隐蔽工程验收记录。

  检查数量：全数检查。

8 通风与空调节能工程

8.1 一般规定

8.1.1 本章适用于通风与空调系统节能工程的施工与质量验收。

8.1.2 通风与空调系统节能工程验收的检验批划分应按本规范 3.2.4 条的规定执行。当需要重新划分检验批时，可按照系统、楼层、建筑分区划分为若干个检验批。

8.1.3 空调风管、部件及空调设备绝热工程施工应在严密性检验合格后进行。空调管道系统绝热工程施工应在强度与严密性检验合格和防腐处理结束后进行。

8.1.4 通风与空调系统，应随施工进度对与节能有关的隐蔽部位或内容进行验收，并应有详细的文字和图片资料。

8.2 材料设备

8.2.1 通风与空调系统节能工程所使用的设备、管道、阀门、仪表、绝热材料等产品进场时，应按照设计要求对其类型、材质、规格及外观等进行验收，并应对下列产品的技术性能参数进行核查。验收与核查的结果应经监理工程师（建设单位代表）检查认可，并应形成相应的验收、核查记录。各种产品和设备的质量证明文件和相关技术资料应齐全，并应符合国家有关标准和规定。

  1 组合式空调机组、柜式空调机组、新风机组、单元式空调机组、热回收装置等设备的冷量、热量、风量、风压、功率及额定热回收效率；

  2 风机的风量、风压、功率及其单位风量耗功率；

  3 成品风管的技术性能参数；

  4 自控阀门与仪表的技术性能参数；

  5 热交换器的单台换热量；

  6 电机驱动压缩机的蒸汽压缩循环冷水（热泵）机组的额定制冷量（制热量）、输入功率、性能系数（COP）及综合部分负荷性能系数（IPLV）；

  7 电机驱动压缩机的单元式空气调节机、风管送风式和屋顶式空气调节机组的名义制冷量、输入功率及能效比（EER）；

8　蒸汽和热水型溴化锂吸收式机组及直燃型溴化锂吸收式冷（温）水机组的名义制冷量、供热量、输入功率及性能系数；

9　多联式空调（热泵）机组的名义制冷（热）量、名义制冷（热）量消耗功率、名义制冷能效比（EER）、名义制热能效比（COP）制冷（热）综合性能系数（IPLV），室内机的制冷（热）量、室内机消耗功率。

10　空调冷热水系统循环水泵的流量、扬程、电机功率及输送能效比（ER）；

11　冷却塔的热力性能、流量及电机功率。

检验方法：观察检查；技术资料和性能检测报告等质量证明文件与实物核对。

检查数量：全数检查。

8.2.2　风机盘管机组和绝热材料进场时，应对其下列技术性能参数进行复验，复验应为见证取样送检。

1　风机盘管机组的供冷量、供热量、风量、出口静压、噪声及功率；

2　绝热材料的导热系数、密度、吸水率；

3　有机绝热材料的燃烧性能。

检验方法：现场随机抽样送检，核查复验报告。

检查数量：同一厂家的风机盘管机组按数量复验2％，但不得少于2台；同一厂家同材质的绝热材料复验次数不得少于2次。

8.2.3　组合式空调机组、柜式空调机组、新风机组、单元式空调机组、风机等设备进场时，应对其风量、出口静压、噪声及功率等技术参数进行复验。

检验方法：由建设单位委托有资质的检测机构进行现场复验，监理工程师旁站监理。

检查数量：同一厂家同规格的设备按数量复验2％，但不得少于2台。

8.2.4　粘结剂、密封剂应符合下列规定：

1　用于保温的应检查粘结强度、耐温性能和安全使用温度；

2　用于保冷的应检查粘结强度、软化点、耐寒性能和安全使用温度；

3　密封剂除检查上述项目外，还应检查其可塑性和干缩性。

检验方法：核查质量证明文件，现场测试粘结强度。

检验数量：逐批次抽查。

8.3　验收

主控项目

8.3.1　通风与空调节能工程中的送、排风系统、空调风系统、空调水系统及冷热源设备、辅助设备的安装应符合下列规定：

1　各系统的制式及其安装，应符合设计要求；

2 各种设备、自控阀门与仪表应安装齐全，不得随意增加、减少和更换；

3 水系统各分支管路水力平衡装置、温控装置与仪表的安装位置、方向应正确，并便于观察、操作和调试；

4 空调冷（热）水系统，应能实现设计要求的变流量或定流量运行；

5 空调系统安装完毕后应能进行分室（区）温度调控。对有分栋、分户、分室（区）冷、热计量要求的建筑物，空调系统应能实现相应的计量功能。

检验方法：按设计施工图进行核对。

检验数量：全数检查。

8.3.2 风管的制作与安装应符合下列规定：

1 风管的材质、断面尺寸及厚度应符合设计要求；

2 风管与部件、风管与土建风道及风管间的连接应严密、牢固；

3 风管的严密性及风管系统的严密性检验和漏风量，应符合设计要求或现行国家标准《通风与空调工程施工质量验收规范》（GB 50243）的有关规定，风管系统的严密性检验应由建设单位委托具有相应检测资质的检测机构检测，并出具报告；

4 需要绝热的风管与金属支架的接触处、复合风管及需要绝热的非金属风管的连接和内部支撑加固等处，应有防热桥的措施，并应符合设计要求。

检验方法：观察、尺量检查；核查风管系统严密性检验报告。

检验数量：按数量抽查 10%，且不得少于 1 个系统。

8.3.3 组合式空调机组、柜式空调机组、新风机组、单元式空调机组的安装应符合下列规定：

1 各种空调机组的规格、数量应符合设计要求；

2 安装位置和方向应正确，且与风管、送风静压箱、回风箱的连接应严密可靠；

3 现场组装的组合式空调机组各功能段之间连接应严密，并应做漏风量的检测；其漏风量必须符合现行国家标准《组合式空调机组》GB/T 14294 的规定；

4 机组内的空气热交换器翅片和空气过滤器应清洁、完好，且安装位置和方向必须正确，并便于维护和清理。当设计未注明过滤器的阻力时，应满足粗效过滤器的初阻力≤50Pa（粒径≥5.0μm，效率：80%＞E≥20%）；中效过滤器的初阻力≤80Pa（粒径≥1.0μm，效率：70%＞E≥20%）的要求。

检验方法：观察检查，核查漏风量测试记录。

检验数量：按同类产品的数量抽查 20%，且不得少于 1 台。

8.3.4 风机盘管机组的安装应符合下列规定：

1 规格、数量应符合设计要求；

2 位置、高度、方向应正确，并便于维护、保养；

3 机组与风管、回风箱及风口的连接应严密、可靠；

4 空气过滤器的安装应便于拆卸和清理。

检验方法：观察检查，并查阅产品进场验收记录和复验报告。

检验数量：按总数抽查 10%，且不得少于 5 台。

8.3.5 通风与空调系统中风机的安装应符合下列规定：

1 规格、数量应符合设计要求；

2 安装位置及进出口方向应正确，与风管的连接应严密、可靠。

检验方法：观察检查。

检验数量：全数检查。

8.3.6 带热回收功能的双向换气装置和集中排风系统中的排风热回收装置的安装应符合下列规定：

1 规格、数量及安装位置应符合设计要求；

2 进、排风管的连接应正确、严密、可靠；

3 室外进、排风口的安装位置、高度及水平距离应符合设计要求。

检验方法：观察检查。

检验数量：按总数抽检 20%，且不得少于 1 台。

8.3.7 冷（热）源侧、空调机组和风机盘管机组的电动两通（调节）阀、空调冷热水系统中的水力平衡阀、冷（热）量计量装置等自控阀门与仪表的安装应符合下列规定：

1 规格、数量应符合设计要求；

2 方向应正确，位置应便于操作和观察。

检验方法：观察检查。

检验数量：冷（热）源侧的电动两通（调节）阀、水力平衡阀、冷（热）量计量装置等自控阀门与仪表的安装，全数检查；其他按类别数量抽查 10%，且均不得少于 1 个。

8.3.8 热交换器、电机驱动压缩机的蒸汽压缩循环冷水（热泵）机组、蒸汽或热水型溴化锂吸收式冷水机组及直燃型溴化锂吸收式冷（温）水机组等设备的安装，应符合下列规定：

1 规格、数量应符合设计要求；

2 安装位置及管道连接应正确。

检验方法：观察检查。

检验数量：全数检查。

8.3.9 空调废热回收装置的规格型号、数量和热回收量应符合设计要求。

检验方法：对照设计核查。

检验数量：全数检查。

8.3.10 冷却塔、水泵等辅助设备的安装应符合下列要求：

1　规格、数量应符合设计要求；

2　冷却塔设置位置应通风良好，并应远离厨房排风等高温气体；

3　管道连接应正确。

检验方法：观察检查。

检验数量：全数检查。

8.3.11 分体空调室外机安装应符合《房间空调器安装规定》（GB 17790—1999）的要求及下列规定：

1　室外机应安装于通风良好的位置；

2　遮蔽百叶不应影响室外机的排风；

3　便于清扫室外机换热器。

检验方法：观察检查。

检验数量：按不同户型，各抽查10%。

8.3.12 多联式空调（热泵）机组的室内机安装应符合以下规定：

1　室内机安装

（1）规格、数量应符合设计要求；

（2）位置、高度、方向应正确，并便于维护、保养；

（3）机组与风管、回风箱及风口的连接应严密、可靠；

（4）空气过滤器的安装应便于拆卸和清理；

（5）冷凝水的排水应符合设计要求，当采用机械排水时需做排水试验。

2　室外机安装

（1）规格、数量应符合设计要求；

（2）应安装于通风良好且干燥的位置，尽量避免电磁波、高温热源、阳光直接辐射等的影响；

（3）应采取设置进排风口防护罩等措施保证机组正常转所需的风量，防止发生进排风短路。

（4）当一台或多台室外机的安装空间应符合设计或者产品的要求。

（5）室外机的回风侧应避开季风，否则应在离回风侧安装挡风设施，室外机与挡风设施的距离应符合产品要求。

3　制冷管道安装

（1）制冷剂管道的规格、数量、外观应符合设计或产品的要求。

（2）制冷剂管道应采用空调用铜管，宜采用清洗完毕且对端口采取严密措施的铜管，否则需在现场清洗铜管内壁。

（3）制冷剂管道的位置、安装高度、支吊架间距、支吊架类型应符合设计要求。

（4）制冷剂管道的连接应保证接缝严密，无渗漏。

（5）制冷剂管道安装完毕后，在与室内机连接前，应对管道进行调整，保证管道顺直、固定合理，并采用氮气或干燥空气对系统进行吹扫。

（6）装完毕后，应对制冷剂管道系统和室内机进行气密性试验和真空干燥试验，以及制冷剂充注。

检验方法：观察、尺量检查；核查清洗、气密性、真空干燥和制冷充注检验记录；核查检验批验收记录。

检查数量：全数检查。

8.3.13　风管系统及部件绝热层和防潮层的施工，应符合下列规定：

1　保温钉与风管、部件及设备表面的连接，可采用粘结或焊接，结合应牢固，不得脱落；矩形风管或设备保温钉的分布应均匀，其数量底面每平方米不应少于 16 个，侧面不应少于 10 个，顶面不应少于 8 个。首行保温钉至风管或保温材料边沿的距离应小于 120mm；

2　风管法兰部位的绝热层的厚度，不应低于风管绝热层的 0.8 倍；

3　带有防潮隔汽层绝热材料的拼缝处，应用粘胶带封严。粘胶带的宽度不应小于 50mm。粘胶带应牢固地粘贴在防潮面层上，不得有胀裂和脱落。

4　绝热层应采用不燃或难燃的材料，其材质、规格及厚度应符合施工图设计要求；

5　绝热层应密实，无裂缝、空隙等缺陷；

6　绝热层表面应平整，当采用卷材或板材时，其厚度允许偏差为 5mm；采用涂抹或其他方式时，其厚度允许偏差为 10mm；

7　防潮层（包括绝热层的端部）应完整，且封闭良好，其搭接缝应顺水；

8　风管系统部件的绝热，不得影响其操作功能。

9　风管穿墙板处的绝热层应连续不间断。

检验方法：观察检查、用钢针刺入绝热层、尺量。

检验数量：按数量抽查 10％，且绝热层不得小于 10 段、防潮层不得小于 10m、阀门等配件不得小于 5 个。

8.3.14　冷热源及其辅助设备、空调水系统管道及配件绝热层和防潮层的施工，应符合下列规定：

1　绝热层应采用不燃或难燃的材料，其材质、规格及厚度应符合施工图设计要求；

2　绝热管壳的粘贴应牢固、铺设应平整；绑扎应紧密，无滑动、松弛与断裂现象；

3　硬质或半硬质绝热管壳的拼接缝隙，保温时不应大于 5mm、保冷时不应大于2mm，并用粘结材料勾缝填满；纵缝应错开，外层的水平接缝应设在侧下方。

4　硬质或半硬质绝热管应用金属丝或难腐织带捆扎，其间距为300～350mm，且每节至少捆扎2道；

5　松散或软质保温材料应按规定的密度压缩其体积，疏密应均匀。毡类材料在管道上包扎时，搭接处不应有空隙；

6　防潮层与绝热层应结合紧密，封闭良好，不得有虚粘、气泡、褶皱、裂缝等缺陷，防潮层的敷设应有防止水、汽侵入的措施；

7　卷材防潮层采用螺旋形缠绕的方式施工时，卷材的搭接宽度宜为30～50mm；

8　管道阀门、过滤器及法兰部位的绝热结构应能单独拆卸，且不得影响其操作功能；

9　防潮层施工顺序应符合设计要求，封闭良好，其搭接缝应顺水；

10　冷热水管穿墙板处的绝热层应连续不间断，其套管施工应符合相关规范。

检验方法：观察检查、用钢针刺入绝热层、尺量。

检验数量：按数量抽查10%，且绝热层不得小于10段、防潮层不得小于10m、阀门等配件不得小于5个。

8.3.15　冷热源机房内部空调冷热水管道与支、吊架之间要防止产生冷桥，设置绝热衬垫。

检验方法：观察检查。

检验数量：按类别数量抽查10%，且均不得少于2件。

8.3.16　空调水系统的冷热水管道与支、吊架之间应设置绝热衬垫，其厚度不应小于绝热层厚度，宽度应大于支、吊架支承面的宽度。衬垫的表面应平整，衬垫与绝热材料间应填实无空隙。

检验方法：尺量、观察检查。

检验数量：按数量抽检10%，且不得少于5处。

8.3.17　通风与空调工程安装完毕，必须进行设备单机试运转及调试和系统无生产负荷下的联合试运转及调试，其试运转及调试结果应符合设计要求。

检验方法：观察、旁站、查阅调试记录。

检验数量：全数。

8.3.18　通风与空调工程调试完成后，应进行系统节能性能的检测，且应由建设单位委托具有相应检测资质的检测机构检测并出具报告。当联合试运转及调试不在制冷期时，应对表8.3.18中前四个检测项目进行检测，并在第一个制冷期，带冷源补做后两项检测项目。

表 8.3.18　通风与空调系统节能性能检测主要项目及要求

序号	检测项目	抽样数量和方法	允许偏差或规定值
1	各风口的风量	按风管系统数量抽查 10%，且不得少于 1 个系统，风口按照近端、中间区域和远端均布的原则抽样	≤15%
2	通风与空调系统的总风量	按风管系统数量抽查 10%，且不得少于 1 个系统	≤10%
3	空调机组的水流量	按空调机组抽查 10%，且不得少于 1 台，空调机组按照近端、中间区域和远端均布的原则抽样	≤20%
4	空调系统冷热水、冷却水总流量	全数	≤10%
5	室内温度	居民建筑每户抽测卧室或起居室 1 间，其他建筑按房间总数抽测 10%	冬季不得低于设计计算温度 2℃，且不应高于1℃；夏季不得高于设计计算温度 2℃，且不应低于 1℃

检验方法：核查试运行及调试记录和检测报告。

检验数量：见表 8.3.18。

一般项目

8.3.19　空气风幕机的规格、数量应符合设计要求，安装位置和方向应正确，纵向垂直度与横向水平度的偏差均不应大于 2/1000。

检验方法：观察检查。

检验数量：按总数量抽查 10%，且不得少于 1 台。

8.3.20　变风量末端装置的规格、数量应符合设计要求，与风管连接前宜做动作试验，确认运行正常后再封口。

检验方法：观察检查、核查动作试验记录。

检验数量：按总数量抽查 10%，且不得少于 2 台。

8.3.21　空调与通风系统中送风口、回风口、新风口、排风口的型号、规格、数量、功能应符合施工图设计要求，其安装位置及出口方向应正确，应满足系统风量的调整。

检验方法：按设计图纸核对、观察检查，并查阅产品进场验收记录。

检验数量：按总数抽查 10%，且不得少于 5 个。

8.3.22 空调系统的冷（热）源设备及其辅助设备、配件的绝热，不得影响其操作功能。

检验方法：观察检查。

检验数量：全数检查。

9 太阳能热水系统节能工程

9.1 一般规定

9.1.1 本章适用于民用建筑太阳能热水系统节能工程的施工与质量验收。

9.1.2 太阳能热水系统节能工程验收的检验批划分应按本规范 3.2.4 条的规定执行。当需要重新划分检验批时，可按照系统划分为若干个检验批。

9.1.3 太阳能热水系统保温工程施工应在系统严密性检验合格后进行。

9.1.4 太阳能热水系统应随施工进度对有关节能工程的隐蔽部位或内容进行验收，并应有详细的文字和图片资料。

9.2 材料设备

9.2.1 太阳能热水系统节能工程所使用的设备、管道、阀门、仪表、保温材料等产品进场时，应按照设计要求对其类型、材质、规格及外观等进行验收，并应对产品的技术性能参数进行核查。验收与核查的结果应经监理工程师（建设单位代表）检查认可，并应形成相应的验收、核查记录。各种产品和设备的质量证明文件和相关技术资料应齐全，并应符合国家有关标准和规定。

检验方法：观察检查；技术资料和性能检测报告等质量证明文件与实物核对。

检查数量：全数检查。

9.2.2 太阳能热水系统的保温管道、保温材料进场时，应对保温材料的导热系数、密度、吸水率及有机保温材料的燃烧性能等技术性能参数进行复验，复验应为见证取样送检。

检验方法：现场随机抽样送检，核查复验报告。

检查数量：同一厂家同材质的保温材料复验次数不得少于 2 次。

9.2.3 太阳能集热器进场时，应对集热器的耐压性能、稳态及准稳态瞬时效率、平均热损失系数等技术性能参数进行核查。

检验方法：核查技术资料和性能检测报告等质量证明文件。

检查数量：全数检查。

9.3　验收

主控项目

9.3.1　太阳能热水系统工程中的集热器、贮水箱、管路系统、辅助能源加热设备、电气与自动控制系统的安装应符合下列规定：

    1　各系统的制式及其安装，应符合设计要求；

    2　各种设备、阀门与仪表应安装齐全，不得随意增加、减少和更换；

    3　支撑太阳能热水系统的钢结构支架应与建筑物接地系统可靠连接；

    4　太阳能热水系统应能实现相应的计量功能。

    检验方法：观察检查。

    检验数量：全数检查。

9.3.2　太阳能集热器的安装应符合下列规定：

    1　集热器的朝向、倾角及其之间的距离应符合设计要求；

    2　集热器与建筑主体结构或集热器与其支架的安装应牢固；

    3　集热器与集热器之间的连接应按照设计规定的连接方式连接，且密封可靠，无泄露，无扭曲变形。集热器之间的连接件应便于拆卸和更换。

    检验方法：尺量、观察、试压。

    检验数量：全数检查。

9.3.3　贮水箱的安装应符合下列规定：

    1　制作贮水箱的材质应耐腐蚀、卫生、无毒，且应能承受所贮存热水的最高温度，材质和规格应符合设计要求；

    2　贮水箱上压力表、温度计、温度传感器的安装位置、方向应符合设计要求，便于观察、操作。

    检验方法：核查材料、设备进场验收记录，现场观察检查。

    检验数量：全数检查。

9.3.4　管路系统的安装应符合下列规定：

    1　水泵、电磁阀、阀门的安装位置、方向应符合设计要求，便于操作、更换，且应采用遮阳和防雨保护措施；

    2　太阳能热水系统的管路安装应符合现行国家标准《建筑给水排水及采暖工程施工质量验收规范》GB 50242 的相关规定。

    检验方法：核对施工记录、现场观察。

    检验数量：水泵、阀门全数检查，管道部分抽查10%。

9.3.5　辅助能源加热设备的安装应符合下列规定：

    1　辅助能源加热设备的型号、规格及其安装的位置应符合设计要求；

    2　电加热器的安装应符合现行国家标准《建筑电气安装工程施工质量验收规范》GB 50303 的相关规定。

检验方法：核对材料、设备进场验收记录，现场观察检查。

检验数量：全数检查。

9.3.6 太阳能热水系统的压力表、温度传感器、自动温度调节装置、热水表、流量调节器等自控阀门与仪表的安装应符合下列规定：

1 规格、数量应符合设计要求；

2 方向正确，位置应便于操作和观察。

检验方法：对照施工图、现场观察检查。

检验数量：全数检查。

9.3.7 太阳能热水系统水压试验与冲洗应符合现行国家标准《建筑给水排水及采暖工程施工质量验收规范》GB 50242 的相关规定。

检验方法：核查施工记录。

检验数量：全数检查。

9.3.8 太阳能热水系统的设备与管道保温应符合现行国家标准《工业设备及管道绝热工程施工规范》GB 50126 的规定。

检验方法：核对施工记录，现场检查。

检验数量：设备保温全数检查，管道保温抽查 10%。

9.3.9 太阳能热水系统安装完毕，应进行设备单机试运转和系统调试，试运转和调试应符合下列规定：

1 调试内容应符合现行国家标准《民用建筑太阳能热水系统应用技术规范》GB 50364 的规定；

2 调试结果应符合设计要求；

3 系统连续运行 72h 后，应对太阳能热水系统的热性能（日有用得热量、升温性能和贮水箱保温性能）进行检测并记录。

检验方法：核查试运转、调试记录和系统热性能检测记录。

检验数量：全数检查。

一般项目

9.3.10 贮水箱最高处应安装排气阀，贮水箱最低处应安装放空阀。

检验方法：观察检查。

检验数量：全数检查。

9.3.11 太阳能热水系统的支架应尽可能按有利于屋面排水的位置安装，减少屋面渗水风险。

检验方法：观察检查。

检验数量：全数检查。

9.3.12 热水管道应尽量利用自然弯补偿热伸缩，直线段过长则应设置补偿器。补偿器型式、规格、位置应符合设计要求，并按有关规定进行预拉伸。

检验方法：对照施工图检查。

检验数量：全数检查。

10　配电与照明节能工程

10.1　一般规定

10.1.1　本章适用于建筑节能工程配电与照明的施工及质量验收。

10.1.2　建筑配电与照明节能工程验收的检验批划分应按本规范第 3.2.4 条的规定执行。当需要重新划分检验批时，可按照系统、楼层、建筑分区划分为若干个检验批。

10.1.3　建筑配电与照明节能工程的施工质量验收，应符合本规范和现行国家标准《建筑电气工程施工质量验收规范》GB 50303 的有关规定、已批准的设计图纸、相关技术规定和合同约定内容的要求。

10.1.4　建筑照明的设计图纸中各个照明功能区的灯具控制方式、平均照度和照明功率密度应符合相关规范要求。

10.2　材料设备

10.2.1　变配电设备应符合设计要求，其主要产品的功耗和效率不得低于设计要求。

检验方法：查阅设计图纸，并与实物和提交的相关技术资料、性能检测报告等质量证明文件对照检查。

检查数量：全数核查。

10.2.2　照明光源、灯具及其附属装置的选择必须符合设计要求，进场验收时应对下列技术性能进行核查，并经监理工程师（建设单位代表）检查认可，形成相应的验收、核查记录。质量证明文件和相关技术资料应齐全，并应符合国家现行有关标准和规定。

1　荧光灯灯具和高强度气体放电灯灯具的效率不应低于表 10.2.2-1 的规定。

表 10.2.2-1　荧光灯灯具和高强度气体放电灯灯具的效率允许值

灯具出光口形式	开敞式	保护罩（玻璃或塑料）		格栅	格栅或透光罩
		透明	磨砂、棱镜		
荧光灯灯具	75％	65％	55％	60％	—
高强度气体放电灯灯具	75％	—	—	60％	60％

2　管型荧光灯镇流器能效限定值应不小于表 10.2.2-2 的规定。

表10.2.2-2　镇流器能效限定值

标称功率　W		18	20	22	30	32	36	40
整流器能效因数（BEF）	电感型	3.154	2.952	2.770	2.232	2.146	2.030	1.992
	电子型	4.778	4.370	3.998	2.870	2.678	2.402	2.270

3　照明电器谐波含量限值应符合表10.2.2-3的规定。

表10.2.2-3　照明电器谐波含量限值

谐波次数 n	基波频率下输入电流百分比数表示的最大允许谐波电流/％
2	2
3	$30×λ$注
5	10
7	7
9	5
$11≤n≤39$（仅有奇次谐波）	3

注：$λ$ 是电路功率因数。

检验方法：观察检查；技术资料和性能检测报告等质量证明文件与实物核对。

检查数量：全数核查。

10.2.3　低压配电系统选择的电缆、电线截面不得低于设计值，进场时应对相应截面积的每芯导体电阻值进行见证取样送检。每芯导体电阻值应符合表10.2.3的规定。

表10.2.3　不同标称截面的电缆、电线每芯导体最大电阻值

标称截面（mm²）	20℃时导体最大电阻（Ω/km）圆铜导体（不镀金属）
1.5	12.1
2.5	7.41
4	4.61
6	3.08
10	1.83
16	1.15

标称截面（mm²）	20℃时导体最大电阻（Ω/km） 圆铜导体（不镀金属）
25	0.727
35	0.524
50	0.387
70	0.268
95	0.193
120	0.153
150	0.124
185	0.0991
240	0.0754
300	0.0601

检验方法：进场时抽样送检，验收时核查检验报告。

检查数量：同厂家各种规格总数的 10％，且不少于 2 个规格。

10.3　施工

10.3.1　母线与母线或母线与电器接线端子，当采用螺栓搭接连接时，应采用力矩扳手拧紧，制作应符合《建筑电气工程施工质量验收规范》GB 50303 标准中有关规定。施工人员必须填写相应的记录。

检验方法：使用力矩扳手对连接螺栓进行力矩检测。

检查数量：母线按检验批抽查 10％。

10.3.2　交流单芯电缆或分相后的每相电缆宜品字型（三叶型）敷设，且不得形成闭合铁磁回路。

检验方法：观察检查。

检查数量：全数检查。

10.4　验收

主控项目

10.4.1　工程安装完成后应对低压配电系统进行调试，调试合格后应对低压配电电源质量进行检测。其中：

1　供电电压允许偏差：三相供电电压允许偏差为系统标称电压的±7％；单相 220V 为＋7％、－10％。

2　公共电网谐波电压限值为：380V 的电网标称电压，电压总谐波畸变率为 5％，奇次谐波（3～25 次）含有率为 4％，偶次（2～24 次）谐波含有率为 2%。

    3   谐波电流不应超过表 10.4.1 中规定的允许值。

    4   三相电压不平衡度允许值为 2%，短时不得超过 4%。

表 10.4.1 谐波电流允许值

标准电压 (kV)	基准短路容量 (MVA)	谐波次数及谐波电流允许值（A）											
		2	3	4	5	6	7	8	9	10	11	12	13
		78	62	39	62	26	44	19	21	16	28	13	24
0.38	10	谐波次数及谐波电流允许值（A）											
		14	15	16	17	18	19	20	21	22	23	24	25
		11	12	9.7	18	8.6	16	7.8	8.9	7.1	14	6.5	12

    检验方法：在已安装的变频、照明和不间断电源等可产生谐波的用电设备均可投入的情况下，使用三相电能质量分析仪在变压器的低压侧测量。

    检查数量：全部检测。

10.4.2   在通电试运行中，应测试并记录照明系统的照度值和功率密度值。

    1   照度值不得小于设计值的 90%。

    2   功率密度值应符合《建筑照明设计标准》GB 50034 中的规定。

    检验方法：检测被检区域内平均照度和功率密度。

    检查数量：每种功能区检查不少于 2 处。

    一般项目

10.4.3   三相照明配电干线的各相负荷宜分配平衡，其最大相负荷不宜超过三相负荷平均值的 115%，最小相负荷不宜小于三相负荷平均值的 85%。

    检验方法：在建筑物照明通电试运行时开启全部照明负荷，使用三相功率计检测各相负载电流、电压和功率。

    检查数量：全部检查。

11   监测与控制节能工程

11.1   一般规定

11.1.1   本章适用于建筑节能工程监测与控制系统的施工及质量验收。

11.1.2   监测与控制系统施工质量的验收应执行《智能建筑工程质量验收规范》GB 50339 相关章节的规定和本规范的规定。

11.1.3   监测与控制系统验收的主要对象应为通风与空气调节和配电与照明所采用的监测与控制系统，能耗计量系统以及建筑能源管理系统。

    建筑节能工程所涉及的可再生能源利用、建筑冷热电联供系统、能源回收利用以及其他与节能有关的建筑设备监控部分的验收，应参照本章的规定执行。

11.1.4　监测与控制系统的验收分为工程实施过程检查和系统检测两个阶段。

11.1.5　系统检测内容应包括对工程实施文件和系统自检文件的复核，对监测与控制系统的安装质量、系统节能监控功能、能源计量及建筑能源管理等进行检查和检测。

　　系统检测内容分为主控项目和一般项目，系统检测结果是监测与控制系统的验收依据。

11.1.6　对不具备试运行条件的项目，应在审核调试记录的基础上进行模拟检测，以检测监测与控制系统的节能监控功能。

11.2　材料设备

11.2.1　监测与控制系统采用的设备、材料及附属产品进场时，应按照设计要求对其品种、规格、型号、外观和性能等进行检查验收，并应经监理工程师（建设单位代表）检查认可，且应形成相应的质量记录。各种设备、材料和产品附带的质量证明文件和相关技术资料应齐全，并应符合国家有关标准和规定。

　　检验方法：进行外观检查；对照设计要求核查质量证明文件和相关技术资料。

　　检查数量：全数检查。

11.3　施工

11.3.1　监测与控制系统的施工单位应依据国家相关标准的规定，对施工图设计进行复核。当复核结果不能满足节能要求时，应向设计单位提出修改建议，由设计单位进行设计变更，并经原节能设计审查机构批准。

　　检验方法：核查施工单位提交的复核情况报告，及设计变更和相应的审查批复。

　　检查数量：全数检查。

11.3.2　施工单位应依据设计文件制定系统控制流程图和节能工程施工验收大纲。

　　检验方法：核查施工单位提交的系统控制流程图和施工验收大纲。

　　检查数量：全数检查。

11.3.3　监测与控制系统安装质量应符合以下规定：

　　1　传感器的安装质量应符合《自动化仪表工程施工及验收规范》GB 50093的有关规定；

　　2　阀门型号和参数应符合设计要求，其安装位置、阀前后直管段长度、流体方向等应符合产品安装要求；

　　3　压力和差压仪表的取压点、仪表配套的阀门安装应符合产品要求；

　　4　流量仪表的型号和参数、仪表前后的直管段长度等应符合产品要求；

5 温度传感器的安装位置、插入深度应符合产品要求；

6 变频器安装位置、电源回路敷设、控制回路敷设应符合设计要求；

7 智能化变风量末端装置的温度设定器安装位置应符合产品要求；

8 涉及节能控制的关键传感器应预留检测孔或检测位置，管道保温时应做明显标注。

检验方法：对照图纸或产品说明书目测和尺量检查。

检查数量：每种仪表按 20% 抽检，不足 10 台全部检查。

11.3.4 工程实施过程检查由施工单位和监理单位随工程实施过程进行，分别对施工质量管理文件、设计符合性、产品质量、安装质量进行检查，及时对隐蔽工程和相关接口进行检查，同时，应有详细的文字和图象资料，并对监测与控制系统进行不少于 168 小时的不间断试运行。

检验方法：检查相应的施工记录资料和不间断试运行记录，确保记录齐全和及时。

检查数量：全数检查。

11.4 验收

主控项目

11.4.1 对经过试运行的项目，其系统的投入情况、监控功能、故障报警联锁控制及数据采集等功能，应符合设计要求。

检验方法：调用节能监控系统的历史数据、控制流程图和试运行记录，对数据进行分析。

检查数量：检查全部进行过试运行的系统。

11.4.2 空调冷热源、空调水系统的监测控制系统应成功运行，控制及故障报警功能应符合设计要求。

检验方法：在中央工作站使用检测系统软件，或采用在直接数字控制器或冷热源系统自带控制器上改变参数设定值和输入参数值，检测控制系统的投入情况及控制功能；在工作站或现场模拟故障，检测故障监视、记录和报警功能。

检查数量：全部检测。

11.4.3 通风与空调监测控制系统的控制功能及故障报警功能应符合设计要求。

检验方法：在中央工作站使用检测系统软件，或采用在直接数字控制器或通风与空调系统自带控制器上改变参数设定值和输入参数值，检测控制系统的投入情况及控制功能；在工作站或现场模拟故障，检测故障监视、记录和报警功能。

检查数量：按总数的 20% 抽样检测，不足 5 台全部检测。

11.4.4 监测与计量装置的检测计量数据应准确，并符合系统对测量准确度的要求。

检验方法：用标准仪器仪表在现场实测数据，将此数据分别与直接数字控制器和中央工作站显示数据进行比对。

检查数量：按 20％抽样检测，不足 10 台全部检测。

11.4.5 供配电的监测与数据采集系统应符合设计要求。

检验方法：试运行时，监测供配电系统的运行工况，在中央工作站检查运行数据和报警功能。

检查数量：全部检测。

11.4.6 照明自动控制系统的功能应符合设计要求，当设计无要求时应实现下列控制功能：

1　大型公共建筑的公用照明区应采用集中控制并应按照建筑使用条件和天然采光状况采取分区、分组控制措施，并按需要采取调光或降低照度的控制措施；

2　旅馆的每间（套）客房应设置节能控制型开关；

3　居住建筑有天然采光的楼梯间、走道的一般照明，应采用节能控制；

4　每个照明开关所控制光源数不宜太多，每个房间的开关数不宜少于 2 个（只设 1 个光源的除外）；

5　房间或场所设有两列或多列灯具时，宜按下列方式控制：

1）所控灯列与侧窗平行；

2）电教室、会议室、多功能厅、报告厅等场所，按靠近或远离讲台分组；

3）大空间场所设有多行多列灯具时，可根据实际布置采用间隔控制。

检验方法：

1　现场操作检查控制方式；

2　依据施工图，按回路分组，在中央工作站上进行被检回路的开关控制，观察相应回路的动作情况；

3　在中央工作站改变时间表控制程序的设定，观察相应回路的动作情况；

4　在中央工作站采用改变光照度设定值、室内人员分布等方式，观察相应回路的控制情况；

5　在中央工作站改变场景控制方式，观察相应的控制情况。

检查数量：现场操作检查为全数检查，在中央工作站上检查按照明控制箱总数的 5％检测，不足 5 台全部检测。

11.4.7 综合控制系统应对以下项目进行功能检测，检测结果应满足设计要求：

1　建筑能源系统的协调控制；

2　通风与空调系统的优化监控。

检验方法：采用人为输入数据的方法进行模拟测试，按不同的运行工况检测协调控制和优化监控功能。

检查数量：全部检测。

11.4.8 建筑能源管理系统的能耗数据采集与分析功能，设备管理和运行管理功能，优化能源调度功能，数据集成功能应符合设计要求。

检验方法：对管理软件进行功能检测。

检查数量：全部检查。

一般项目

11.4.9 检测监测与控制系统的可靠性、实时性、可维护性等系统性能，主要包括下列内容：

　　1　控制设备的有效性，执行器动作应与控制系统的指令一致，控制设备性能稳定符合设计要求；

　　2　控制系统的采样速度、操作响应时间、报警信号响应速度应符合设计要求；

　　3　冗余设备的故障检测正确性及其切换时间和切换功能应符合设计要求；

　　4　应用软件的在线编程（组态）、参数修改、下载功能，设备、网络通信故障自检测功能应符合设计要求；

　　5　控制器的数据存储能力和所占存储容量应符合设计要求；

　　6　故障检测与诊断系统的报警和显示功能应符合设计要求；

　　7　设备启动和停止功能及状态显示正确；

　　8　被控设备的顺序控制和联锁功能应可靠；

　　9　具备自动/远动/现场控制模式下的命令冲突检测功能；

　　10　人机界面及可视化检查。

检验方法：分别在中央站、现场控制器和现场利用参数设定、程序下载、故障设定、数据修改和事件设定等方法，通过与设定的显示要求对照，进行上述系统的性能检测。

检查数量：全部检测。

12　建筑节能工程现场检验

12.1　围护结构现场实体检验

12.1.1　建筑围护结构施工完成后，当采用外保温或内保温构造时，应对围护结构的外墙节能构造进行现场检验，条件具备时，也可直接对围护结构的传热系数进行现场检测。

12.1.2　外墙节能构造的现场实体检验的方法见本规范附录 E。其检验目的是：

　　1　验证墙体保温材料的种类是否符合设计要求；

　　2　验证保温层厚度是否符合设计要求；

3　检查保温层构造做法是否符合设计和施工方案要求。

12.1.3　外墙节能构造的现场实体检验，其抽样数量可以在合同中约定，但合同中约定的抽样数量不应低于本规范的要求。当无合同约定时，每个单位工程的外墙至少抽查 3 处，每处一个检查点；当一个单位工程外墙有 2 种以上节能保温做法时，每种节能保温做法的外墙应抽查不少于 3 处。

12.1.4　外墙节能构造的现场实体检验应在监理（建设）人员见证下实施，可委托有资质的检测机构实施，也可由施工单位实施。

12.1.5　当对围护结构的传热系数进行检测时，应由建设单位委托具备检测资质的检测机构承担；其检测方法、抽样数量、检测部位和合格判定标准等可在合同中约定。

12.1.6　当外墙节能构造的现场实体检验出现不符合设计要求和标准规定的情况时，应委托有资质的检测单位扩大一倍数量抽样，对不符合要求的项目或参数再次检验。仍然不符合要求时应给出"不符合设计要求"的结论。

对于不符合设计要求的围护结构节能保温做法应查找原因，对因此造成的对建筑节能的影响程度进行计算或评估，采取技术措施予以弥补或消除后重新进行检测，合格后方可通过验收。

12.2　系统节能效果检验

12.2.1　通风与空调、配电与照明、太阳能热水系统工程安装完成后，应进行系统节能性能的检测，且应由建设单位委托具有相应检测资质的检测机构检测并出具报告。受工程使用条件因素影响未进行的节能性能检测项目，应在满足条件后补做，并将相关检测报告提交给有关部门核查。

12.2.2　通风与空调、配电与照明、太阳能热水系统节能检测的主要项目及要求见表 12.2.2，其检测方法应按国家现行有关标准规定执行。

表 12.2.2　系统节能性能检测主要项目及要求

序号	检测项目	抽样数量	允许偏差或规定值
1	室内温度	居住建筑每户抽测卧室或起居室 1 间，其他建筑按房间总数抽测 10%	冬季不得低于设计计算温度 2℃，且不应高于 1℃；夏季不得高于设计计算温度 2℃，且不应低于设计值 1℃
2	各风口的风量	按风管系统数量抽查 10%，且不得少于 1 个系统	≤15%
3	通风与空调系统的总风量、风压	按风管系统数量抽查 10%，且不得少于 1 个系统	≤10%
4	空调机组的水流量	按风管系统数量抽查 10%，且不得少于 1 个系统	≤20%

序号	检测项目	抽样数量	允许偏差或规定值
5	空调系统冷热水、冷却水总流量	全数	≤10%
6	平均照度与照明功率密度	按同一功能区不少于2处	平均照度≥90%设计值 照明功率密度≤规定（设计）值
7	低压电源质量	全数	详见第10.4.1条

12.2.3 系统节能性能检测的项目和抽样数量也可在工程合同中约定，必要时可增加其他检测项目，但合同中约定的检测项目和抽样数量不应低于本规范的规定。

13 建筑节能分部工程质量验收

13.0.1 建筑节能分部工程的质量验收，应在检验批、分项工程全部验收合格的基础上，进行外墙节能构造实体检验，以及系统联合试运转与调试和系统节能性能检测，确认建筑节能工程质量达到验收条件后方可进行。

建筑节能分部验收时，施工单位应出具《竣工报告》，设计单位应出具《建筑节能工程质量检查报告》，监理单位应出具《建筑节能工程质量评估报告》（附录 D）。

13.0.2 建筑节能工程验收的程序和组织应遵守《建筑工程施工质量验收统一标准》GB 50300 的要求，并应符合下列规定：

1 节能工程的检验批验收和隐蔽工程验收应由监理工程师主持，施工单位相关专业的质量检查员与施工员参加；

2 节能分项工程验收应由监理工程师主持，施工单位项目技术负责人和相关专业的质量检查员、施工员参加；必要时可邀请设计单位相关专业的人员参加；

3 节能分部工程验收应由总监理工程师（建设单位项目负责人）主持，施工单位项目经理、项目技术负责人和相关专业的质量检查员、施工员参加；施工单位的质量或技术负责人应参加；设计单位节能设计人员应参加。

13.0.3 建筑节能工程的检验批质量验收合格，应符合下列规定：

1 检验批应按主控项目和一般项目验收；

2 主控项目应全部合格；

3 一般项目应合格；当采用计数检验时，至少应有 90% 以上的检查点合格，且其余检查点不得有严重缺陷；

4　应具有完整的施工操作依据和质量验收记录。

13.0.4　建筑节能分项工程质量验收合格，应符合下列规定：

1　分项工程所含的检验批均应合格；

2　分项工程所含检验批的质量验收记录应完整。

13.0.5　**建筑节能分部工程质量验收合格，应符合下列规定：**

1　**分项工程应全部合格；**

2　**质量控制资料应完整；**

3　**外墙节能构造现场实体检验结果应符合设计要求；**

4　**建筑设备工程系统节能性能检测结果应合格。**

13.0.6　建筑节能工程分部验收时应对下列资料核查，应纳入竣工技术档案：

1　设计文件、图纸会审记录、设计变更和洽商函；

2　主要材料、设备和构件的质量证明文件、进场检验记录、进场核查记录、进场复验报告、见证试验报告；

3　隐蔽工程验收记录和相关图像资料；

4　分项工程质量验收记录；必要时应核查检验批验收记录；

5　建筑围护结构节能构造现场实体检验记录；

6　风管及系统严密性检验记录；

7　现场组装的组合式空调机组的漏风量测试记录；

8　设备单机试运转及调试记录；

9　系统联合试运转及调试记录；

10　系统节能性能检验报告；

11　其他对工程质量有影响的重要技术资料。

13.0.7　建筑节能工程分部、分项工程和检验批的质量验收表见附表：

1　分部工程质量验收表见本规范附录 C.0.1；

2　分项工程质量验收表见本规范附录 C.0.2；

3　检验批质量验收表见本规范附录 C.0.3。

14　建设、监理与监督

14.0.1　**建设单位不得要求设计单位、施工单位降低节能标准、修改经审查合格的设计文件，确需修改的应符合本规范第 3.1.2 条的规定。**

14.0.2　建设单位委托工程监理单位实施工程监理时，应将建筑节能的有关要求纳入监理合同，并提供经审图机构审查合格的施工图。

14.0.3　建设单位不得要求设计、施工、监理、检测等单位违反建筑节能强制性标准和技术规范的规定。

14.0.4　按照国家、广东省和本规范的规定进行的建筑节能材料、设备的节能复验及现场检测，除施工合同另有约定外，应由建设单位委托实施。

14.0.5 施工现场项目监理机构，应指定专人负责组织各专业监理工程师进行建筑节能工程监理工作。

14.0.6 项目监理人员应参加建设单位组织的建筑节能工程设计技术交底会，核查现场所用图纸是否经审图机构审查合格，总监理工程师应对设计技术交底会议纪要进行确认。

14.0.7 建筑节能工程施工前，总监理工程师应组织专业监理工程师审查施工单位报送的建筑节能工程施工组织设计（方案）报审表，提出审查意见，并经总监理工程师审核、签认后报建设单位。项目监理机构应督促施工单位对从事建筑节能工程施工作业的专业人员进行技术交底和必要的实际操作培训。

14.0.8 监理单位应针对工程特点制定建筑节能的监理实施细则，明确项目节能的重点部位和关键工艺监控措施。

14.0.9 专业监理工程师应对施工单位报送的拟进场建筑节能工程材料、构配件和设备及相应的报审表、质量证明文件进行审核，并对进场的实物按照本规范、施工合同约定及有关工程质量管理文件规定的比例采用平行检验或见证取样方式进行抽检。

对未经监理人员验收或验收不合格的工程材料、构配件、设备，监理人员应拒绝签认，并应签发《监理工程师通知单》，通知施工单位限期将不合格的工程材料、构配件、设备撤出现场。

14.0.10 监理单位向质量监督机构提交的监理月报，应有节能工程的相关内容。当有涉及节能工程的变更时，应及时报告。当施工现场出现有违规行为又不能有效制止时，监理单位应立即报告。

建设单位发出违反有关法律、法规或者强制性技术标准指令的，监理单位应当拒绝执行；建设单位直接向施工企业发出上述指令的，监理单位应当及时报告质监机构和有关行政主管部门。

14.0.11 总监理工程师应安排监理人员对建筑节能工程施工过程进行巡视和检查。当节能构造施工、构件安装、设备安装、系统调试时，监理部门应核查施工质量，及时进行隐蔽工程验收，符合设计要求时才能进入下一道工序。

14.0.12 对建筑节能施工过程中出现的质量缺陷，专业监理工程师应及时下达监理工程师通知，要求施工单位整改，并检查整改结果。

14.0.13 总监理工程师应组织监理人员对施工单位建筑节能工程技术资料进行审查，对其存在的问题要督促施工单位整改完善；建筑节能工程监理资料也应及时整理归档，并要真实完整、分类有序。

14.0.14 监理单位应按本规范第十三章的要求及时组织节能工程的检验批、分项、分部工程的验收工作。

14.0.15　节能分部工程验收结束后，由总监理工程师负责编制《节能分部工程质量评估报告》。

14.0.16　质量监督机构应监督建设、监理、施工单位严格执行国家、广东省民用节能工程施工质量验收规范和本规范的各项规定。

14.0.17　监督过程中，质监机构应按照建设部《民用建筑节能工程质量监督工作导则》的要求，进行分项、分部工程的质量抽查，对建筑节能分部验收进行监督。